新工科系列基础教材

U0178086

物联网导论

杨 埙　黄丹梅　主 编

刘 恋　毛坤朋　程雪峰　副主编

颜 韵 叶 杨　参 编

电子工业出版社·

Publishing House of Electronics Industry

北京·BEIJING

内 容 简 介

本书根据信息的产生和采集、信息的传输、信息的处理和应用的流程，从物联网感知层、网络层、应用层三层架构模型出发，展开讨论，为读者系统、全面地展示物联网应用及其相关技术，力争使全书层次清晰、可读性强。全书共 5 章，第 1 章概括性地介绍了物联网的基本概念、发展历史、特征、体系架构及相关标准和标准化工作；第 2～4 章分别是对感知层、网络层和应用层的介绍，在对这三层进行介绍时，将相关的典型应用和关键技术纳入其中；第 5 章介绍了物联网产业链与人才需求。

本书可作为物联网工程、物联网应用技术及其相关专业的教材，也可作为对物联网感兴趣的社会学习者、物联网及相关行业人员等的参考用书。

图书在版编目（CIP）数据

物联网导论 / 杨埙，黄丹梅主编. —北京：电子工业出版社，2024.1

ISBN 978-7-121-47032-5

Ⅰ. ①物… Ⅱ. ①杨… ②黄… Ⅲ. ①物联网 Ⅳ.①TP393.4 ②TP18

中国国家版本馆 CIP 数据核字（2024）第 007253 号

责任编辑：杨永毅
印　　刷：天津嘉恒印务有限公司
装　　订：天津嘉恒印务有限公司
出版发行：电子工业出版社
　　　　　北京市海淀区万寿路 173 信箱　　　邮编：100036
开　　本：787×1092　　1/16　　印张：12.25　　字数：314 千字
版　　次：2024 年 1 月第 1 版
印　　次：2024 年 8 月第 2 次印刷
印　　数：1500 册　　定价：43.00 元

凡所购买电子工业出版社图书有缺损问题，请向购买书店调换。若书店售缺，请与本社发行部联系，联系及邮购电话：（010）88254888，88258888。

质量投诉请发邮件至 zlts@phei.com.cn，盗版侵权举报请发邮件至 dbqq@phei.com.cn。

本书咨询联系方式：（010）88254570，xujj@phei.com.cn。

前言

PREFACE

物联网技术已融入社会生产生活的方方面面,如二维码、传感器、射频识别、5G、云计算、大数据等。万物互联的"物"让世界充满智慧,人类已进入物联网时代。

本书致力于阐述面向应用的物联网体系架构及该体系架构下所包含的物联网关键技术,希望能帮助读者建立从原理到应用、从概念到技术的物联网知识体系。

本书将传统章节形态与活页式教材新形态有机结合,书中内容的一级架构以章布局,带领读者由浅入深、由现象到本质,认识物联网的基本概念、应用领域、各层的关键技术及其应用,以及物联网产业链与人才需求;书中内容的二级架构将知识点和所需能力重构后内化于各任务中,按照"任务描述→任务目标→知识准备→任务实施→任务评价"的逻辑组织学习内容,将学习内容有机融入各任务,知识准备及任务实施的过程即知识学习和能力训练的过程,任务完成即自然地达成了相应的知识目标、能力目标和素质目标。

本书的内容组织形式新颖,相比传统以理论讲述为主的同类书籍,增强了体验感,并配以大量案例,更贴近生活实际,更符合读者的认知及学习规律,让读者更易理解和掌握物联网的相关基础知识与基本技能。

本书深入贯彻思政育人的理念,挖掘思政元素,在每个任务的"素质目标"中体现思政教学目标;深入学习贯彻党的二十大精神,深入实施科教兴国战略、人才强国战略、创新驱动发展战略;书中的案例主要围绕物联网及相关领域的新技术展开,通过介绍国内优秀企业的典型案例,让学生在学习物联网及新一代信息技术的过程中,充分认识到我国独立、自主、安全发展的重要性,激发其爱国情怀,促使其成为现代化建设人才。

本书的编者团队来自重庆城市管理职业学院,由杨埙、黄丹梅担任主编,由刘恋、毛坤朋、程雪峰担任副主编。其中,第1章、第4章的任务3和任务4、第5章由杨埙编写,第2章的任务1、任务4~任务6由黄丹梅编写,第2章的任务2、任务3由刘恋编写,第3章由毛坤朋编写,第4章的任务1、任务2由程雪峰编写,颜韵、叶杨参与了各章的资料收集整理、图片制作工作。本书的统稿工作由杨埙完成。

本书得到了中移物联网有限公司、重庆艾申特电子科技有限公司、浙江华为通信技术有限公司、北京新大陆时代教育科技有限公司等企业的大力支持。本书还得到了重庆市高等教育教学改革基金资助项目（编号：203618、182084）、重庆市教育科学"十三五"规划基金资助项目（编号：2020-GX-387）、重庆市教委科学技术研究计划项目（编号：KJQN202203309）、 重庆城市管理职业学院 2022 年校级教育教学改革研究项目（编号：2022jgkt017）、重庆城市管理职业学院 2022 年度校级科研项目（编号：2022XXZX08）等的大力支持，在此一并致谢！

为了方便教师教学和读者学习，本书配有电子教学课件及相关资源，请对此有需要的教师和读者登录华信教育资源网（http://www.hxedu.com.cn）注册后免费下载，若有问题，可以在网站留言板留言或与电子工业出版社联系（E-mail：hxedu@phei.com.cn）。

在本书的编写过程中，编者尽可能地将物联网各领域的最新动态及技术趋势呈现给读者，但由于行业和产业发展迅速，加之编者的能力有限，书中难免有疏漏之处，恳请各界专家和广大读者批评指正。

编　者

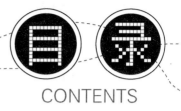

CONTENTS

第1章

初识物联网

本章介绍

物联网（Internet of Things，IoT）已悄然走进我们的生活，你一定听说过智能家居、智慧医疗、智能交通、智慧物流、……这些都是物联网的典型应用。物联网和我们生产、生活、学习中的各种智能化应用有机融合，在物联网的基础上，人们可以用更加精细和动态的方式管理生产和生活，达到"智慧"状态。

本章将围绕什么是物联网展开讨论，通过学习本章，我们需要掌握物联网的概念，了解物联网的发展史，认识物联网的特征及体系架构，以及了解物联网标准。本章作为后续章节的基础，需要读者对物联网知识进行全面了解和掌握。

任务安排

任务1　走进物联网世界
任务2　探寻物联网起源与发展
任务3　认识物联网特征与体系架构
任务4　了解物联网标准

任务1　走进物联网世界

任务描述

物联网自诞生以来，不仅其概念在网络中的搜索热度一直居高不下，其各种应用在世界各地的落地近年来也如火如荼。那么，物联网究竟是什么？它有何应用？它与同样热度很高的传感网及我们熟知的互联网又有何区别与联系？M2M、泛在网又是什么？它们与物联网是何关系？本任务将带领大家探究上述内容并完成物联网概念的主题汇报。

任务目标

知识目标

◇ 了解物联网的应用领域

◇ 掌握物联网的概念

◇ 理解物联网与各种网络的关系

能力目标

◇ 能发现生活中的物联网应用

◇ 能解释物联网的基本概念

◇ 能掌握物联网与各种网络在应用上的区别与联系

素质目标

◇ 培养主动观察的意识

◇ 培养独立思考的能力

◇ 培养积极沟通的习惯

◇ 培养团队合作的精神

◇ 激发科技兴国的爱国热情

◇ 激发科技报国的爱国情怀

知识准备

1.1.1 物联网的应用领域

物联网的应用领域极其广泛，主要有市政管理、医疗健康、智能工农业等，如图 1-1 所示。

图 1-1　物联网的应用领域

1.1.2 物联网的定义与本质

1. 物联网的定义

最早定义物联网的是麻省理工学院（MIT）Auto-ID 中心的凯文·艾什顿（Kevin Ashton）教授，他是在 1999 年研究 RFID（射频识别）技术时提出物联网这一概念的，当时对物联网的定义是把所有物品通过 RFID 等信息传感设备与互联网连接起来，实现智能化识别和管理的网络。

后来，随着各类感知技术、网络及通信技术、大数据、人工智能的不断发展，物联网的内涵不断完善，覆盖范围有了较大的拓展，不再局限于基于 RFID 技术，一些比较有代表性的定义如下。

（1）2005 年国际电信联盟（ITU）对物联网的定义。

通过二维码识读设备、RFID 装置、红外感应器、全球定位系统和激光扫描器等信息传感设备，按约定的协议，把任何物品与互联网相连接，进行信息交换和通信，以实现智能化识别、定位、跟踪、监控和管理的一种网络（By embedding short-range mobile transceivers into a wide array of additional gadgets and everyday items，enabling new forms of communication between people and people，and between people and things，and between things themselves）。

（2）2008 年欧洲智能系统集成技术平台（EPoSS）对物联网的定义。

由具有标识、虚拟个体的物体/对象所组成的网络，这些标识和虚拟个体运行在智能空间，使用智慧的接口与用户、社会、环境进行连接和通信（Things having identities and virtual personalities operating in smart spaces using intelligent interfaces to connect and communicate within social，environmental，and user contexts）。

（3）2009 年欧盟第七框架 RFID 和互联网项目组对物联网的定义。

物联网是未来互联网的整合部分，它是以标准、互通的通信协议为基础，具有自我配置能力的全球性动态网络。在这个网络中，所有实质和虚拟的物品都有特定的编码和物理特性，通过智能界面无缝连接，实现信息共享。

（4）2010 年我国《政府工作报告》所附的注释中对物联网的定义。

物联网是指通过信息传感设备，按照约定的协议，把任何物品与互联网连接起来，进行信息交换和通信，以实现智能化识别、定位、跟踪、监控和管理的一种网络。它是在互联网基础上延伸和扩展起来的网络。

（5）2010 年邬贺铨院士对物联网的定义。

物联网实现人与人、人与物、物与物之间任意的通信，使联网的每一个物件均可寻址，使联网的每一个物件均可通信，使联网的每一个物件均可控制。

（6）2014 年 ISO/IEC JTC1 SWG5 物联网特别工作组对物联网的定义。

物联网是一个将物体、人、系统、信息资源与智能服务相互连接的基础设施，可以利用它来处理物理世界和虚拟世界的信息并做出反应。

目前，国际上对物联网的定义还有很多，这从侧面反映了物联网不是一个简单的技术热点，而是现代信息技术发展到一定阶段后出现的一种聚合性应用与技术提升，是一个融合了感知技术、通信与网络技术、智能计算技术的复杂信息系统，将各种感知技术、现代网络技术、人工智能与自动化技术进行聚合与集成应用，使人与人、人与物、物与物智慧对话，创造出一个智慧的世界。

2．物联网的本质

从众多物联网定义中，不难概括出物联网具有以下本质特点。

（1）物联网是物与物相互连接的网络，互联是其重要特征。

物联网中的物指世界上的万事万物，包括各种机器、动植物，也包括人，还包括我们日常所接触和所看到的各种物品。因此，物联网是真实物体与真实物体的连接，其将物与物按照特定的组网方式进行连接，并且实现信息的双向有效传递。

（2）物联网中的物具有自动识别与感知智慧。

自动识别与感知智慧是物联网赋予物的一个全新属性，这大大拓展了人们对于这个世界的感知和认识范围，使得人们能获取到动物、植物及其他物体的核心特点。例如，餐桌上放有一个橙子，我们一眼就能够看出这是个橙子，可以凭它的外观（色泽等）初步判断出它是否美味，还可以通过亲自品尝得出这个橙子是否美味的结论。但是当我们还没有看到或者还没有品尝到这个橙子时候，怎么知道这是个橙子并且知道它是否美味可口呢？通过物联网的图像识别技术可判断出这是一个橙子而不是苹果或者其他物体；通过物联网的感知技术可以对橙子的含糖量、含水量等进行测定，将相关的信息反馈给我们，从而赋予了橙子智慧。

（3）物联网大大扩展了人类的沟通范围。

物联网将人类的沟通范围扩展到了物与物、人与物之间。物联网被赋予了人的智能，通过物物相连的网络，可以在物与物、人与物之间建立通信，实现物与物、人与物之间的"直接对话"。

（4）物联网可以实现更多的智能应用。

有了物联网，物就具有了智慧，可以被感知，并且能够实现与人之间的沟通，因此物联网可以实现对物的智能管理，再加上物联网具有自动化、自我反馈与智能控制的特点，因此物联网能进一步衍生出更多的智能应用。

1.1.3　物联网之"物"的含义

物联网中的"物"不是普通的物，物要满足以下条件才能够被纳入"物联网"的范围：

① 要有相应的信息接收器。

② 要有数据传输通路。

③ 要有一定的存储功能。

④ 要有 CPU。

⑤ 要有操作系统。

⑥ 要有专门的应用程序。

⑦ 要有数据发送器。

⑧ 遵循物联网的通信协议。

⑨ 在世界网络中有可被识别的唯一编号。

只有物满足了上述 9 个条件，才能构建出物物相连的"物联网"。

1.1.4 物联网与各种网络之间的关系

1. 常见网络概念辨析

（1）互联网：又称为因特网、英特网，是一个由各种不同类型和规模、独立运行和管理的计算机网络组成的世界范围的巨大计算机网络——全球性计算机网络，这种将计算机网络互相连接在一起的方法可称作"网络互联"，在此基础上发展起来的覆盖全世界的全球性互联网络称为"互联网"，即"互相连接在一起的网络"。

（2）传感网：传感器网络（Sensor Network）的简称，是由大量多种类型传感器节点组成的网络，可以用有线的方式组网，也可以用无线的方式组网，但多采用无线的方式。

传感网能够通过传感器节点间的协作实时感知、采集和处理网络覆盖区域内感知对象的信息（如温度、湿度、光照度、声音、振动、压力、位移、烟雾），并发送给观察者。

（3）M2M：来源于制造业，可代表机器对机器（Machine to Machine）、人对机器（Man to Machine）、机器对人（Machine to Man）、移动网络对机器（Mobile to Machine）的连接与通信，它涵盖了所有在人、机器、系统之间建立通信连接的技术和手段，是多种不同类型通信技术的有机结合，实现无线数据通信和信息技术在机器、设备、应用处理过程与后台信息系统中的无缝衔接，以及无线业务流程的自动化、集成化。目前，业界提到 M2M 时，更多的是指传统不支持信息技术（IT）的机器、设备通过无线通信技术与其他设备或 IT 系统的通信。

（4）泛在网（Ubiquitous Network）：又称为 U 网络，由日本和韩国提出，指无所不在的网络社会是由智能网络、先进的计算技术及其他领先的数字技术基础设施武装而成的技术社会形态。泛在网是面向泛在应用的各种异构网络的集合，也被称为"网络的网络"，更强调网络之间的互联互通，以及信息聚合与应用。泛在网基于个人和社会的需求，利用现有的和新的网络技术，实现人与人、人与物、物与物之间按需进行的信息获取、传递、存储、认知、决策、使用等服务，泛在网具备超强的环境感知、内容感知及智能性，为个人和社会提供泛在的、无所不含的信息服务和应用。泛在网指社会生活的每一个角落都有网络，如图 1-2 所示，其概念反映了信息社会发展的远景和蓝图。

图 1-2　泛在网示意图

2．常见网络之间的关系

（1）物联网与互联网的关系。

互联网为人而生，物联网为物而生。互联网是人与人之间的联系，而物联网是人与人、人与物、物与物之间的联系。互联网的产生是为了让人通过网络交换信息，其服务的主体是人；物联网则是为了管理物和智能感知环境信息，让物自主感知、获取和交换信息，最终服务于人。互联网的终端必须是计算机（个人计算机、PDA、智能手机）等，并没有感知信息的概念。物联网是互联网的延伸和扩展，其扩大了互联网的连接范围，解决了互联网的"最后一公里"问题，使信息的交互不再局限于人与人或者人与机的范畴，而是开创了物与物、人与物这些新兴领域的沟通。

（2）物联网与传感网的关系。

传感网可以被视为物联网的一部分，属于末端网络。传感网与物联网之间的关系是局部与整体的关系，物联网包含传感网。传感网的设备是传感器，突出的是传感技术和传感器，它的目的是更多地获取信息；物联网的设备是所有物体，突出的是技术和应用的融合，它的目的是为人们提供高层次的应用服务。

（3）物联网与 M2M 的关系。

M2M 主要强调机器与机器之间或机器与人之间的通信，是在一个相对封闭的环境下完成的；而物联网则更强调万事万物之间的连接，相对来说更加开放。同时，物联网模块不仅可以植入机器，还可以植入动物、植物的体内来进行信息传送和信息感知。可以认为 M2M 是物联网的一种表现形式，是物联网的子集。只有当 M2M 规模化、普及化，并彼此之间通过网络实现智能的融合和通信后，才能形成"物联网"。所以单一的、彼此孤立的 M2M 并不是物联网，但 M2M 的终极目标是物联网。

（4）物联网与泛在网的关系。

物联网、泛在网的出发点和侧重点不完全一致，但其目标都是突破人与人通信的模式，建立物与物、物与人之间的通信，实现信息与人或物的自动交互，最终使我们的世界变为不需要我们干预就能为我们服务的智能化世界。而针对物理世界的各种感知技术，即传感技术、RFID 技术、二维码、摄像等，是构成物联网、泛在网的必要条件。物联网可以看作泛在网目前的一种实现形式，或者将来泛在网的一部分。

（5）物联网与各网络关系图。

物联网与各网络的关系如图 1-3 所示。可以看出，泛在网包含了物联网、互联网、M2M 的所有内容，以及通信网络、智能处理的内容，是一个整合了多种网络的更加综合和全面的网络系统。

3．网络融合的趋势

网络融合是多种网络出现后，技术与社会发展的必然结果，是现状，也是未来的趋势。早在 2010 年，就出现了"三网融合"，即电信网、广播电视网、互联网的融合。3G 移动通信时代的到来使移动通信网与互联网相融合，于是出现了移动互联网。物联网出现后，物联网与互联网、物联网与移动互联网也在不断融合。物联网已不可避免地加入网络融合的浪潮中。

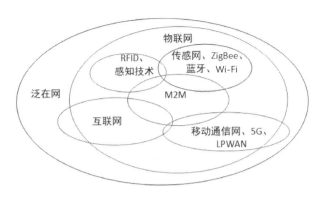

图 1-3　物联网与各网络的关系

　　网络融合对业务整合、降低成本、提高行业的整体竞争力等诸多方面都有极大益处，无论是终端、网络，还是平台，都将发生深刻的变革，融合后的市场规模将是单一领域的数倍。同时，网络融合也不可避免地带来了更激烈的竞争，各自领域的佼佼者在融合后的新领域将面临更激烈的市场竞争。

　　对物联网来说，大的网络融合背景既为物联网的发展提供了便利和机遇，又带来了挑战。

➡ 任务实施

　　向自己的亲朋好友解释物联网的概念，并举一个典型的物联网应用案例进行说明。

➡ 任务评价

　　本任务的任务评价表如表 1-1 所示。

表 1-1　任务 1 的任务评价表

评估细则	分值（分）	得分（分）
物联网的概念解释正确，内容完整	30	
物联网应用案例典型、恰当	20	
叙述条理性强、表达准确	20	
语言浅显易懂	15	
对方能理解、接受你的叙述，并举出另外的物联网应用案例进行说明	15	

任务 2　探寻物联网起源与发展

➡ 任务描述

　　物联网被称为世界信息产业继计算机、互联网之后的第三次浪潮。在本任务中，我们将探寻物联网的过去，了解物联网的现在，展望物联网的未来。

➡ 任务目标

知识目标

◇ 了解物联网的起源
◇ 了解物联网的发展现状与趋势
◇ 了解物联网面临的挑战

能力目标

◇ 能够描述物联网的发展历程与发展现状
◇ 能够分析物联网面临的挑战，从挑战中寻找机遇

素质目标

◇ 培养主动观察的意识
◇ 培养独立思考的能力
◇ 培养积极沟通的习惯
◇ 培养团队合作的精神
◇ 激发民族自豪感与爱国热情

➡ 知识准备

1.2.1 物联网的发展历程

1. 国外物联网的起源与发展

（1）网络可乐贩售机与特洛伊咖啡壶。

不得不说，"懒人改变世界"这句话用在物联网的起源上再恰当不过了。

20世纪80年代，卡内基梅隆大学的一群喜欢喝冰可乐的程序员在下楼买冰可乐时，经常遇到可乐贩卖机内没货、可乐不够冰的情况，又嫌上下楼累，于是他们发挥程序员专长，将可乐贩卖机连接到网络上，同时还编写了一套程序监视可乐贩卖机内的可乐数量和冰镇情况，可以说这是物联网的雏形。

在此基础上，1990年施乐公司研制了网络可乐贩售机（Networked Coke Machine），用户可以向它发送邮件获取机器里有没有可乐、哪一排储物架上的可乐最凉爽等信息。

与此相似的是1991年在英国剑桥大学诞生的特洛伊咖啡壶。当年，剑桥大学特洛伊计算机实验室的科学家们常常要下楼去看咖啡煮好没有，为了免去这一麻烦，他们在咖啡壶旁安装了一个便携式摄像机，并编写了一套程序，利用计算机捕捉图像进行分析，方便工作人员了解咖啡是否煮好，省去了人工查看的麻烦，这也被认为是物联网的雏形。同时也可以认为，现在的网络摄像机起源于这久负盛名的特洛伊咖啡壶。

不管物联网起源于网络可乐贩售机还是特洛伊咖啡壶，有一点可以肯定，一群懂网络与编程技术的懒人们的一时兴起彻底改变了世界，物联网由此而生。

（2）比尔·盖茨和他的《未来之路》。

人们对比尔·盖茨的评价是"对于软件的贡献，就像爱因斯坦之于相对论，爱迪生之于灯泡"。1995年，这位微软的缔造者在《未来之路》一书中，提到了"物联网"的构想，认为互联网仅仅实现了计算机的联网，而未实现与万事万物的联网。书中写道："您将会自行选择收看自己喜欢的节目，而不是等着电视台为您强制性选择；如果您的孩子需要零花钱，您可以从计算机钱包中给他转5美元；……这些预测虽然现在看来不太可能实现，甚至有些荒谬，但是我保证这是一本严肃的书，而绝不是戏言。十年后我的观点将会得到证实。"

如今，这些"荒谬"的想法已经成为我们生活中的一部分，它们正是物联网的典型应用。

（3）Kevin Ashton 与 MIT Auto-ID 中心。

1999年，在美国召开的移动计算和网络国际会议上，MIT Auto-ID 中心的 Kevin Ashton 教授正式提出了物联网这一概念。Kevin Ashton 提出了结合物品编码、RFID 技术和互联网技术的解决方案。基于互联网、RFID 技术、电子产品代码（Electronic Product Code，EPC）标准，在互联网的基础上，利用 RFID 技术、无线数据通信技术等，构造了一个实现全球物品信息实时共享的实物互联网"Internet of Things"（物联网），这也是在2003年掀起第一轮物联网热潮的基础。

（4）ITU 的互联网报告。

2005年11月17日，在突尼斯举行的信息社会世界峰会（WSIS）上，ITU 发布了《ITU 互联网报告2005：物联网》，其中引用了"物联网"的概念。此时物联网的定义和范围已经发生了变化，覆盖范围有了较大的拓展，不再只是基于 RFID 技术的物联网。

（5）各国的物联网发展计划。

2004年，日本提出"U-Japan"（泛在日本，其中 U 代表 Ubiquitous——泛在、无处不在的缩写）战略，希望2010年能在日本建设一个"Anytime+Anywhere+Anything+Anyone"（任何时间+任何地点+任何物体+任何人）联网的环境。

2004年，韩国政府制定了"U-Korea"（泛在韩国）战略。

2005年，新加坡资讯通信发展管理局发布名为"下一代 I-Hub"的新计划。2014年，新加坡政府又公布了"智慧国家2025"的十年计划，打造"智慧国"，并将构建"智慧国平台"。

2009年1月28日，奥巴马就任美国总统后，与美国工商业领袖举行了一次"圆桌会议"，IBM 原首席执行官彭明盛首次提出"智慧地球"这一概念，建议新政府投资新一代的智慧型基础设施，把感应器嵌入和装备到电网、铁路、桥梁、隧道、公路、建筑、供水系统、大坝、油气管道等各种基础设施中，并且将其普遍连接，形成所谓"物联网"，然后将"物联网"与现有的互联网整合起来，实现人类社会与物理系统的整合。

2009年6月18日，欧盟在比利时首都布鲁塞尔向欧洲议会、欧洲理事会、欧洲经济与社会委员会和地区委员会提交了以"物联网——欧洲行动计划"为题的公告。公告列举了行动计划所包含的14项行动，这一行动计划又被称为"14点行动计划"。

2013年4月，在汉诺威工业博览会上，德国工业4.0工作组向德国政府提出了关于实施"工业4.0"战略的建议，该建议被德国政府采纳。

2014年，AT&T、思科、GE、IBM 和 Intel 成立了工业互联网联盟（Industrial Internet

Consortium，IIC）。

2．我国的物联网发展计划

我国持续出台扶持政策，物联网产业的政策环境日趋完善。

早在 1999 年，中国科学院就开始研究传感网。2006 年，我国制定了国家信息化发展战略，《国家中长期科学和技术发展规划纲要（2006—2020 年）》和"新一代宽带无线移动通信网"重大专项均将传感网列入重点研究领域。"射频识别（RFID）技术与应用"也作为先进制造技术领域的重大项目被列入国家高科技研究发展计划（863 计划）。2007 年，党的十七大提出大力推进信息化与工业化融合。

2009 年 8 月，温家宝到中国科学院无锡高新微纳传感网工程技术研发中心考察时提出，要在国家科技重大专项中，加快推进传感网发展，尽快建立我国的传感信息中心。物联网被正式列为国家五大新兴战略性产业之一，写入《政府工作报告》，物联网在我国受到了全社会极大的关注，其受关注程度是在美国、欧盟及其他各国不可比拟的。物联网的概念已经是一个"中国制造"的概念，它的覆盖范围与时俱进，已经超越了 1999 年 Kevin Ashton 教授和 2005 年 ITU 发布的报告中所指的范围，物联网已被贴上"中国式"标签。

2010 年，国家发展改革委员会（简称国家发改委）、工业和信息化部（简称工信部）等部委同有关部门在新一代的信息技术方面开展研究，以期形成一些支持新一代的信息技术的新政策措施，从而推动我国经济发展。

2011 年 11 月，工信部正式发布《物联网"十二五"发展规划》。"十二五"期间要培育和发展 10 个产业聚集区，100 家以上骨干企业，重点培育 9 大重点领域，分别是智能工业、智能农业、智能物流、智能交通、智能电网、智能环保、智能安防、智能医疗、智能家居。

2013 年 9 月，国家发改委、工信部等部委联合下发《物联网发展专项行动计划（2013—2015 年）》，对物联网顶层设计、标准制定、技术研发、应用推广、产业支撑、商业模式、安全保障、政府扶持、法律法规、人才培养 10 个方面进行了整体规划布局。

2015 年的《政府工作报告》首次提出"互联网+"行动计划，再次将物联网提升到一个更高的关注层面。

2016 年，《中华人民共和国国民经济和社会发展第十三个五年规划纲要》（简称"十三五"规划）中明确提出发展物联网开环应用，推进物联网感知设施规划布局。

2018 年 12 月，中央经济工作会议重新定义了基础设施建设，把 5G、人工智能、工业互联网、物联网定义为"新型基础设施建设"。随后"加强新一代信息基础设施建设"被列入 2019 年的《政府工作报告》。

2021 年，《中华人民共和国国民经济和社会发展第十四个五年规划和 2035 年远景目标纲要》中多次提到对物联网及其相关产业的发展要求和重点，将数字经济单独列为一篇，划定了 7 大数字经济重点产业，包括云计算（Cloud Computing）、大数据（Big Data）、物联网、工业互联网、区块链（Blockchain）、人工智能（Artificial Intelligence，AI）、虚拟现实和增强现实。物联网的定位从新兴性、战略性产业下沉为新型基础设施，成为支撑数字经济发展的基础设施，重要性进一步提高。

分析世界各国计划中物联网的相关发展战略可以发现，从其目标和定位层面上看，美国、欧盟、日本、韩国均将以物联网为代表的信息技术视为以科技创新改变本国经济和社会发展结构、提升核心竞争力及应对金融危机的手段和工具，但在侧重点上又稍有不同。美国侧重于再工业化和新能源经济战略服务；欧盟将物联网科技创新定位为解决其社会发展问题的支撑手段；日本、韩国的重点在于提高社会和政府的运行效率。从重点发展领域上看，物联网应用、推广的重点领域均围绕与国民经济和社会发展密切相关的基础设施行业，如智能电网、医疗环境建设、环境保护和电子政府等领域。

1.2.2 物联网的发展现状与趋势

物联网发展的各阶段如图 1-4 所示。

图 1-4 物联网发展的各阶段

2008 年，物联网设备的数量首次超过人口数量，从物联网诞生到 2008 年这个阶段，主要完成物联网相关概念的导入和早期物联网设备的连接，物联网处于萌芽导入期。

到 2016 年前后，物联网产业链上的各种要素已具备。这个时期主要是传感器技术、通信技术等的试错和沉淀阶段，MEMS（Micro Electro Mechanical System，微机电系统）传感器被普遍使用，通信技术由 Wi-Fi1 升级到 Wi-Fi6，移动通信从 2G 升级到 5G，一些新的物联网应用（可穿戴设备、智能家居等）出现。2009—2016 年，物联网处于技术沉淀期。

2016 年以后，物联网产业链上的各种要素已基本完善，2017—2018 年，物联网对于国民经济产业变革的规模效应初显，2018—2019 年是市场对物联网技术方案落地验证的开启之时，技术、政策和产业巨头的推动对于物联网产业的发展依然重要，但市场需求因素的影响增强。2016 年以后，物联网处于市场验证期。

1. 物联网市场规模高速增长，未来发展空间广阔

目前，全球物联网的相关技术、标准、产业、应用、服务处于高速发展阶段，我国物联网市场规模不断提升，自 2013 年以来，我国物联网市场规模增速一直维持在 15%以上，江苏省、浙江省、广东省市场规模均超千亿元。我国物联网市场规模已经从 2013 年的 4896 亿元增长至 2019 年的 1.5 万亿元。IDC（International Data Corporation，国际数据公司）的数据显示，2020 年全球物联网市场规模约达 1.36 万亿美元。IDC 最新预测数据显示，我国物联网市场规模将在 2026 年达到约 3000 亿美元。

2019 年，全球通过万物互联传输的数据规模已达到 14ZB，2025 年将达到 80ZB。运营商的公开资料显示，截至 2021 年 3 月底，3 家基础运营商的物联网用户数合计为 11.9 亿户，其中，中国移动为 6.91 亿户，中国电信为 2.52 亿户，中国联通为 2.47 亿户。

目前，我国物联网及相关企业超过 3 万家，其中，中小企业占比超过 85%，创新活力突出，对产业发展推动作用巨大。

尽管不同机构的统计口径不同，数据会存在一定差距，但整体来说，我国作为全球主要的物联网市场，未来的市场需求依然巨大，物联网的发展将有更大的机遇和更加广阔的发展空间。

2. 制造业/工业设备数量激增，低功耗广域网连接占比提升迅猛

GSMA 统计数据显示，2010—2020 年，全球物联网设备数量高速增长，复合增长率达 19%；2020 年，全球物联网设备连接数量高达 126 亿个。据 GSMA 预测，2025 年全球物联网设备（包括蜂窝及非蜂窝）连接数量将达到约 246 亿个。

从行业下游来看，根据 IoT Analytics 的数据，在 2020 年全球物联网行业下游的占比中，制造业/工业的占比为 22%，排在首位；其次是交通/车联网，占比为 15%；智慧能源、智慧零售、智慧城市、智慧医疗和智慧物流的占比分别为 14%、12%、12%、9%和 7%，排在第 3～7 位。

2020 年，整个物联网 90%的连接属于低功耗广域网领域。低功耗广域连接技术对应中低速率应用场景，拥有覆盖广、扩展性强等特征，更符合室外、大规模接入的物联网应用。IoT Analytics 的数据显示，中国电信、中国联通和中国移动三大运营商是全球蜂窝物联网连接市场领导者，占全球蜂窝物联网连接的 75%，中国移动占据全球一半以上的蜂窝物联网连接市场。

3. 产业纵深发展，智慧城市、智慧工业等产业物联网需求旺盛

从产业纵深看，2006—2020 年，物联网应用从闭环、碎片化走向开放、规模化，智慧城市、工业物联网、车联网等率先突破。

2018 年，智慧城市在物联网应用领域中排名第一。2019 年，制造业/工业取代智慧城市，坐稳了物联网应用领域的头把交椅。微软和亚马逊等技术巨头，以及西门子和罗克韦尔等大型工业自动化参与者都是制造业/工业领域数字化转型的主要推手。

工信部发布的《2020 年通信业统计公报》数据显示，我国蜂窝物联网主要应用于智能制造、智能交通、智慧公共事业三大垂直行业，其终端用户占比分别为 18.5%、18.3%、22.1%。其中 NB-IoT（Narrow Band-Internet of Things，窄带物联网）已广泛应用于电表、水表、燃气表、消防烟感、智能井盖、智能门锁等行业。

GSMA 预测，产业物联网的设备规模将在 2024 年超过消费物联网的设备规模。近年来，随着物联网技术逐步应用于各个行业，远程诊疗、公共场所热成像体温检测、信息溯源、救援灾备等需求不断推动物联网应用深入发展。智慧工业、智能交通、智慧健康、智慧能源等领域将有可能成为产业物联网设备连接数量增长最快的领域。新零售、智能家居、智能穿戴、共享经济等信息消费领域也不断发力，需求加大。

4. 产业生态日益完善，各大厂商竞相布局

从产业生态体系来看，全国已形成包括芯片、元器件、模组、设备、软件、系统集成、运营、应用服务、方案提供商在内的较为完整的物联网产业链。基础芯片设计、高端传感器制造、智能信息处理等相对薄弱环节的产业链与国外的差距不断缩小；中高频 RFID、二维码等环节的产业链已成熟；平台化、服务化的模式逐渐明朗；物联网基础设施建设已进入新阶段，NB-IoT 正在加快部署，"大"连接已具规模；LoRa 与蜂窝物联网形成互补态势；物联网产业公共服务体系日渐完善。

目前，我国已有超过 15 家 NB-IoT 芯片厂商、20 家 NB-IoT 通信模组厂商。在芯片方面，紫光展锐和翱捷科技发布了 Cat.1 芯片，海思和联发科在全球首发 5G 芯片。在模组方

面，移远通信和日海智能是全球出货量较大的蜂窝物联网模组供应商，移远通信 2020 年年报显示，其模组出货量超过 1 亿片。在网络建设方面，截至 2021 年年底，我国 4G 基站的数量达 590 万个，城镇地区实现深度覆盖，为 Cat.1 规模化部署提供了良好的接入基础；5G 基站数量为 142.5 万个，我国已开通 5G 基站的数量在全球排名第一，每万人拥有 5G 基站数量达到 10.1 个，5G 已覆盖全国地级以上城市及重点县市。

2015 年以来，产业巨头纷纷通过并购、合作、自研等方式快速进行物联网重点行业和产业链关键环节的布局，意图争夺物联网未来发展的战略导向，提升对整个产业的把控能力。

2015 年，亚马逊发布了 AWS IoT 平台，其可以跨越边缘站点到云端，抢占物联网应用市场。

2015 年，Intel 围绕人工智能+物联网，耗资 167 亿美元收购了 FPGA（Field Programmable Gate Array，现场可编程门阵列）生产商 Altera 公司，2017 年又耗资 153 亿美元收购了 Mobileye 自动驾驶公司，显示出布局物联网、扩大实力和转型的决心。

2015 年，华为公开"1+2+1"的物联网发展战略，发布 Huawei Lite OS，明确向物联网进军的发展战略；2016 年，发布 OceanConnect 平台；2019 年，发布鸿蒙操作系统（Huawei Harmony OS）。在物联网领域，华为提供全产业链解决方案，包括开源物联网操作系统 Huawei Lite OS、海思的 NB-IoT Boudica 系列芯片、物联网通信模组、eLTE/NB-IoT/5G 无线接入网络、企业物联及智慧家庭网关、物联网连接管理平台，以及物联网网络集成服务等。华为的物联网整体布局战略是聚焦物联网基础设施，利用云和人工智能的核心能力，发展企业级和消费级物联网，连接更多设备。

2015 年，微软推出 Win10 IoT 核心版和企业版，发布物联网套件 Azure IoT Suite，协助企业简化物联网在云端的应用部署及管理。

2016 年 3 月，Cisco 以 14 亿美元并购物联网平台提供商 Jasper，并成立物联网事业部。

2016 年 7 月，软银公司以 322 亿美元收购 ARM，并明确表示看好 ARM 在物联网时代的发展前景。

2016 年 12 月，谷歌对外公布物联网操作系统 Android Things 的开发者预览版本，并更新其"Weave"协议。

阿里巴巴早在 2014 年就启动了物联网研发，2017 年发布阿里云物联网平台——阿里云 IoT 和物联网嵌入式系统 AliOS Things；2018 年 9 月，阿里巴巴达摩院宣布成立独立芯片企业平头哥半导体有限公司；2018 年 12 月，阿里巴巴高调宣布和高通、联发科等 23 个芯片、模组供应商合作，推出预装了 AliOS Things 操作系统的模组。2018 年，阿里巴巴公布物联网战略，称 5 年内要连接 100 亿台物联网设备，通过云+人工智能+物联网三驾马车赋能全行业变革。

2014 年，腾讯推出 QQ 物联·智能硬件开放平台（2022 年 8 月后新版 QQ 不再支持）；2016 年，成立腾讯 AI Lab；2019 年，推出一站式物联网开发平台（IoT Explorer），同年发布腾讯云物联网全新商业品牌——腾讯连连，提供覆盖"云-管-边-端"的物联网基础设施，面向消费级物联网和产业级物联网两大物联网赛道提供全方位的物联网产品和解决方案；2020 年，宣布与日立达成合作关系，共同致力于车联网、自动驾驶、车辆信息安全等领域的服务开发，多方位布局物联网相关服务。

2015 年，百度发布了物联网平台 Baidu IoT；2016 年，发布了天工智能物联网平台。

在人工智能领域，特别是在无人驾驶领域，百度也在寻求突破。

除此之外，小米、京东、海尔、苹果、高通、SAP、IBM、GE、AT&T 等全球知名企业均从不同环节布局物联网，产业大规模发展的条件正快速形成。

目前，我国物联网产业链已较为完善，产业生态在各大厂商的不断推动下发展得越来越完善，政策的不断出台利好行业发展的同时，也在推动成本降低和技术发展。未来，物联网发展还需依靠产业链多方发力和企业积极布局。

5. 多重技术推动物联网技术创新

从技术创新趋势来看，物联网行业发展的内生动力正在不断增强。连接技术不断突破，NB-IoT、eMTC、LoRa 等低功耗广域网的全球商用化进程不断加速；物联网平台迅速增长，服务支撑能力迅速提升；区块链、边缘计算、人工智能等新技术不断注入物联网，为物联网带来新的创新活力。受技术和产业成熟度的综合驱动，物联网呈现边缘智能化、连接泛在化、服务平台化、数据延伸化等特点。物联网技术创新趋势及简介如表 1-2 所示。

表 1-2 物联网技术创新趋势及简介

技术创新趋势	简介
边缘智能化	各类终端持续智能化，不同类型终端的协作能力加强，边缘计算为终端之间的协作提供重要支撑
连接泛在化	各类网络为物联网提供泛在连接能力
服务平台化	平台开放性不断提升，人工智能不断融合，基于平台的智能化服务水平持续提升
数据延伸化	先联网后增值的发展模式进一步清晰，新技术赋能物联网，不断推进横向跨行业、跨环节"数据流动"和纵向平台、边缘"数据使能"创新

下面着重就边缘计算和 AIoT 进行阐述。

（1）边缘计算。

边缘计算即利用物联网边缘设备进行计算。云和本地服务器并非执行计算的唯一选择，其三个影响因素是反应时间、每个云处理的成本、数据隐私和安全性。

使用远程服务器可能会导致传输延迟，云计算不适合自动驾驶那样需要实时计算的场景。边缘物联网应用于行人检测、自适应交通灯、停车检测等。未来，更多的物联网解决方案将包括机载人工智能，并将一些计算从云端推向终端设备。

智能家居应用需要个人数据，然而，这些数据通常涉及隐私，导致用户不愿分享。利用边缘计算则可解决这一问题，即数据在用户设备上本地保存和处理。在智能家居应用中，边缘计算可提升用户安全感。

（2）AIoT。

AIoT（人工智能物联网）即 AI+IoT（人工智能+物联网）。物联网与人工智能相融合，最终追求的是形成一个智能化生态体系，在该体系内，实现不同智能终端设备之间、不同系统平台之间、不同应用场景之间的互融互通，万物互融。

AIoT 的典型应用场景：智能家居，通过语音、手势控制家电，人工智能必须根据主人的习惯做出决策；工厂生产线，使用人工智能视觉检测检查不合格产品，控制生产质量，降低产品缺陷率；自动驾驶，它不仅可以安全地将乘客带到目的地，利用这些数据准确预测交通模式，还可以为未来建设更高效的道路和基础设施提供依据。

AIoT 领域正吸引着众多行业巨头进入，其中既有苹果、谷歌、亚马逊等 IT 巨头，又有海尔、三星这类传统家电厂商，也不乏百度、小米这样的互联网新贵。基于互联智能的构想，未来的 AIoT 时代，每个设备都需要具备一定的感知（预处理等）、推断及决策功能。因此，每个设备都需要具备一定的不依赖于云端的独立计算能力，即前文提到的边缘计算。

Research and Markets 的一份报告预测，到 2025 年，人工智能和物联网的价值将超过260 亿美元。报告中表明，人工智能将物联网数据的效率提高了 25%，为行业提高了 42%的分析能力。人工智能在物联网中心和边缘网络中都发挥着重要作用。

6．形成四大发展区域聚集地和产业格局

① 长三角地区：主要从核心硬件技术与软件技术出发，抢占专利和标准战略高地，致力成为物联网龙头企业聚集地，代表城市：上海、无锡。

② 珠三角地区：依靠国内电子整机重要生产基地的优势，注重物联网在城市信息化管理等方面的基础设施建设，强化创新能力建设和物联网核心技术突破，代表城市：广州、深圳。

③ 环渤海地区：依托重工业基地的优势，努力构建完善的物联网产业发展体系，已成为我国物联网产业发展过程中集设计、研发、设备制造与系统集成为一体的重要基地，代表城市：北京、天津。

④ 中西部地区：结合自身优势，大力推广物联网应用示范项目和工程，培育龙头企业，从而促进物联网技术和产业的发展，代表城市：重庆、成都。

1.2.3 物联网面临的挑战

物联网在技术、管理、成本、政策、安全等方面仍然面临许多挑战。

1．技术标准的统一与协调

目前，标准化是物联网发展面临的最大挑战之一，它是行业领导者之间的一场竞争。目前我国物联网行业百家争鸣，物联网感知层的数据多源异构，不同的设备有不同的接口、不同的技术标准；网络层、应用层也由于使用的网络类型不同、行业的应用方向不同而存在不同的网络协议和体系结构。建立统一的技术标准是物联网现在正面对的难题，因此在未来可能会通过不断竞争出现有限数量的供应商主导市场。

2．无统一管理平台

物联网涉及多种网络的融合，其应用领域又遍及各大行业，每个行业的应用既各自独立又存在交叉，没有一个专门的综合平台对信息进行分类管理，出现了大量信息冗余、重复工作、重复建设，造成了资源浪费，导致成本高、效率低。目前，各厂家各自为营，从自身利益出发入主产业链，物联网缺乏能整合各行业资源的统一管理平台。

3．安全性问题

在物联网行业快速发展的背景下，物联网安全事件频发，据 Gartner 调查，近 20%的企业或者相关机构在 2016—2018 年遭受了至少一次基于物联网的攻击。其中有设备自身的

原因，也有监管和人为的原因。目前，数据隐私已成为网络社会的一个关键词，各种用户数据被泄露或被滥用的事件频发。在未来，我国各种立法和监管机构将提出更加严格的用户数据保护规定，用户的敏感数据会受到更严格的监管。又如，一些传感器长期放置在恶劣的环境中，如何维持网络的完整性对传感技术提出了新的要求，传感网必须有自愈的功能。将 RFID 电子标签置入物品中以实时监控物品的同时，对于物品的所有者来说就会造成隐私的泄露，个人信息的安全性存在隐患。不仅仅是个人信息安全，如今企业之间、国家之间的合作非常普遍，一旦网络遭到攻击，后果将不敢想象。因此，在使用物联网的过程中实现信息化和安全化的平衡至关重要。

在未来，以安全为重点的物联网设备将受到更多的关注，特别是在某些特定的基础行业，如医疗健康、安全安防、金融等，全球物联网安全支出将不断增加。

➡ 任务实施

以"物联世界"为主题，命题自拟，关注物联网给生产生活各方面带来的变化，如智能家居、智慧物流、智慧校园等，选取一个场景进行研究。

讨论稿需要包含以下关键点。

1. 物联网世界的典型场景及功能，采用图片匹配文字的形式展现。

2. 开动脑筋，发挥想象，说出你能想到的未来可以拓展的物联网功能。

格式要求：采用 PPT 的形式展示。

考核方式：每人自选一主题，采取课内发言形式，时间为 3～5 分钟。

➡ 任务评价

本任务的任务评价表如表 1-3 所示。

表 1-3　任务 2 的任务评价表

评估细则		分值	得分（分）
主题选择（15 分）	以"物联世界"为主题，命题自拟，关注物联网给生产生活各方面带来的变化，如智能家居、智慧物流、智慧校园等。所选主题内容与要求完全相符，且叙述清楚	所选主题内容与要求不完全相符（扣 5 分）对所选主题的叙述不够清楚（扣 5 分）	
场景叙述专业度（25 分）	场景及功能叙述清晰	所选物联网场景不恰当（扣 5 分）所选物联网场景的技术内涵匮乏（扣 5 分）	
思维创新能力（20 分）	充分发挥想象，说出未来可拓展的物联网功能（至少三个）	未能体现个人对物联网未来生活的充分想象与拓展，创新意识表现一般（扣 5 分）每缺一个拓展功能扣 5 分	
图文表现力（20 分）	文字与图片符合主题，有表现力	word 及 PPT 等文档编辑工具使用不熟练（扣 5～10 分）整体方案不美观（扣 5～10 分）	
语言表达能力（20 分）	叙述清晰、逻辑性强	叙述条理性不强（扣 5～10 分）表达不准确（扣 5～10 分）	

任务3 认识物联网特征与体系架构

任务描述

本任务将带领大家认识物联网的特征与体系架构，这部分内容对于认识物联网的意义重大，是本章的重点内容。

任务目标

知识目标

◇ 掌握物联网的特征
◇ 掌握物联网的体系架构

能力目标

◇ 能够描述物联网的特征
◇ 能够分析典型物联网应用的体系架构

素质目标

◇ 培养主动观察的意识
◇ 培养独立思考的能力
◇ 培养积极沟通的习惯
◇ 培养团队合作的精神

知识准备

1.3.1 物联网的特征

1. 全面感知

物联网是各种感知技术的广泛应用。在物联网上，利用 RFID、二维码、北斗卫星导航系统、摄像头、传感器、传感网等感知、捕获、测量的技术手段，随时随地对物体进行信息采集和获取。以传感器为例，物联网上部署了海量的多种类型传感器，每个传感器都是一个信息源，不同类型的传感器所捕获的信息内容和信息格式不同。传感器获得的数据具有实时性，它按一定的频率周期性地采集环境信息，不断更新数据。各种感知技术的综合应用使物联网的接入对象更加广泛，获取的信息更加丰富。

2. 可靠传送

物联网是一种建立在互联网和通信网上的泛在网络。物联网的重要基础和核心仍旧是传统的互联网与通信网，通过各种有线、无线网络与互联网、通信网融合，将物体的信息接入网络并实时准确地进行传递，以便随时随地进行可靠的信息交互和共享。例如，物联网上的传感器定时采集各类环境信息，通过网络传输，送达监控中心或应用平台。物联网上的信息量极其庞大，已构成海量信息，在传输过程中，为了保障数据的正确性和及时性，必须适应各种异构网络和协议。物联网的可获得性必须更高，可靠性必须更强，互联互通范围必须更广。

3. 智能处理

物联网不仅仅提供了传感器的连接，其本身也具有智能处理的能力，能够对物体实施智能控制。物联网将传感器和智能处理相结合，利用云计算、模式识别、模糊识别等各种智能技术，对海量的跨地域、跨行业、跨部门的数据和信息进行分析处理，提升对物理世界、经济社会各种活动和变化的洞察力，做出智能化的决策和控制，扩充其应用领域。例如，从传感器获得的海量信息中分析、加工和处理出有意义的数据，以适应不同用户的不同需求，发现新的应用领域和应用模式。物联网的信息处理能力越强大，人类与周围世界的相处越智慧。

1.3.2 物联网的体系架构

1. 三层架构模型

三层架构模型是业界最早普遍认可的物联网体系架构，从下往上依次是感知层、网络层和应用层，如图1-5所示。感知层相当于人的皮肤和五官，网络层相当于人的神经中枢，应用层相当于人的大脑。应用层、网络层、感知层又分别被形象地称为"云""管""端"，因此，也可用"云""管""端"来概括物联网的三层架构模型。

图1-5　物联网的三层架构模型

（1）感知层——"端"。

感知层处于三层架构模型的最底层，具有物联网全面感知的核心能力，是物联网发展的基础。物联网在传统网络的基础上，从原有网络用户终端向"下"延伸和扩展，将通信对象的范围扩大到现实世界的各种物体。物联网感知层解决的是人类世界和物理世界的数据获取问题。

感知层负责识别物体，采集信息。安装在设备上的 RFID 电子标签和用来识别 RFID 信息的扫描仪、感应器都属于物联网的感知层，现在的高速公路电子不停车收费系统、超市仓储管理系统、二维码和识读器、摄像头、GPS、传感器、终端、传感网等都是基于感知层相关技术实现的。首先，信息获取与物体的标识符相关；其次，信息获取与数据采集技术相关，数据采集技术主要有自动识别技术和传感技术。信息短距离传输是指利用传感网技术、蓝牙技术、红外技术等，使终端装置采集到的信息在终端装置和网关之间双向传送。由网关将采集到的信息通过网络层提交到后台处理，当后台对数据处理完毕后，发送执行命令到相应的执行设备完成对被控/被测对象的控制。各种终端装置、执行设备属于感知层，感知层又被称为"端"。

（2）网络层——"管"。

网络层连接感知层和应用层，具有数据传输的功能，也称为传输层，起到"管道"的作用，因此又被称为"管"。网络层是物联网的神经中枢，是物联网最重要的部分之一，在物联网中，要求网络层能够把感知层感知到的数据无障碍、高可靠性、高安全性地进行传送，它解决的是感知层所获得的数据在一定范围内，尤其是远距离传输的问题。网络层涉及无线局域网、无线城域网、无线广域网、无线个域网及互联网等各种网络，如图 1-6 所示。

图 1-6　网络层涉及的各种网络

物联网的网络层包括接入网和核心网。接入网被形象地称为"最后一公里"，是指用户终端到核心网间的所有设备，其长度一般为几百米到几千米。目前，常用的接入网技术包括无线接入技术、光纤接入技术、电力网接入技术等。在接入网层面也存在异构网络融合的趋势。核心网通常是指除接入网和用户驻地网之外的网络部分，又被称为骨干网。目前应用较广的核心网是互联网、移动通信网。互联网是核心网的重要组成部分，移动通信网则以全面、实时、高速、高覆盖率、多元化处理多媒体数据等特点，为"物品触网"创造有利条件。

（3）应用层——"云"。

应用层是物联网的"社会分工"——与行业需求结合，实现广泛智能化。云计算技术普及后，云就部署在应用层，因此应用层又被称为"云"。目前，绿色农业、工业互联网、公共安全、智慧城市、远程医疗、智能家居、智能交通和环境监测等各个领域均有物联网应用。物联网的行业特性主要体现在应用领域，在应用层，物联网与行业需求结合，与各行业专业技术深度融合。

感知层生成的大量信息经过网络层传输汇聚到应用层，应用层对这些信息进行分析和处理，做出正确的控制和决策，实现智能化的管理、应用和服务。应用层解决的是数据如何存储（数据库与海量存储技术、数据中心）、如何检索（搜索引擎）、如何使用（大数据与人工智能)、如何不被滥用（数据安全与隐私保护）等信息处理问题，以及人机界面的问题。

2．四层架构模型

相比三层架构模型，四层架构模型将三层架构模型中的应用层按功能进一步细分为平台层和应用层，如图1-7所示。平台层是由于社会分工、分行而形成的，有平台层的存在，企业可以专心构建自己的应用或者组建自己的产品网络，而不用费心于如何让设备联网。物联网的四层架构模型才更符合实际的物联网行业。

图1-7　物联网的四层架构模型

物联网平台（又称为物联网云平台）在物联网体系中起承上启下作用，向下连接海量设备，可为设备提供安全可靠的连接通信能力，支撑数据上报至云端，向上提供云端API，服务端通过调用云端API将指令下发至设备端，实现远程控制。物联网平台主要实现设备接入、设备管理、安全管理、消息通信、监控运维及数据应用等。平台层的参与者是各式的平台服务提供商，平台层完成对数据、信息的存储和分析。目前，国内典型的物联网平台有中国移动OneNET平台、华为OceanConnect平台等。

➡ 任务实施

除了熟知的三层架构模型与四层架构模型，物联网还有一个六域模型，请查阅资料，完成六域模型体系架构图的绘制，并加以说明。

➡ 任务评价

本任务的任务评价表如表1-4所示。

表1-4　任务3的任务评价表

评估细则		分值	得分（分）
画出六域模型体系架构图（40分）	各功能模块完整，模块间关系明了，图片清晰	各功能模块完整（缺一个扣5分） 模块间关系明了（缺一个扣5分） 图片清晰、美观（共10分，酌情赋分）	

续表

评估细则		分值	得分（分）
对六域模型体系架构图每个功能域的功能及作用进行叙述（40分）	表达清晰、用词准确	叙述条理性不强（扣 10～15 分） 表达不准确（扣 10～15 分）	
说出六域模型的意义，其与三层架构模型在侧重点和关注点上的区别（20分）	对两者的区别描述到位	六域模型的意义描述准确（共 10 分，酌情赋分） 六域模型与三层架构模型在侧重点和关注点上的区别描述准确（共 10 分，酌情赋分）	

任务4　了解物联网标准

任务描述

本任务将带领大家认识物联网标准的意义、标准化现状、标准化组织，目标是学会查询物联网的相关标准。

任务目标

知识目标

◇ 了解物联网标准的概念、作用及意义
◇ 了解物联网标准化现状
◇ 了解物联网标准化组织
◇ 了解查询物联网相关标准的常用网站

能力目标

◇ 会查阅物联网的相关标准

素质目标

◇ 培养主动观察的意识
◇ 培养独立思考的能力
◇ 培养积极沟通的习惯
◇ 培养团队合作的精神
◇ 培养标准及规范意识

知识准备

1.4.1　标准的概念、作用及意义

1. 标准的概念

不同的人对标准有不同的理解，不同的组织对标准的定义也不尽相同。

普遍意义上的标准一般指衡量事物的准则，如技术标准，实践是检验真理的唯一标准等；或者指由于其本身合于准则，可供同类事物比较、核对的事物，如标准音、标准时间等。

我国国家标准化组织从技术意义上对标准的定义是"通过标准化活动，按照规定的程序经协商一致制定，为各种活动或其结果提供规则、指南或特性，供共同使用和重复使用的文件。"

2．标准的作用

标准的作用就是提供一致性，其是对重复性事物和概念的统一规定，以获得最佳秩序和最佳社会效益为目的。它涉及工农业、工程建设、交通运输、对外贸易和文化教育等多个领域，包括质量、安全、卫生、环境保护、包装储运等多种类型。例如，我们最熟悉的ISO 9000质量管理体系就是一套标准，是质量管理体系通用的要求和指南。

3．标准的意义

标准的统一对人们的日常生活、社会生产与经济发展具有深远的影响。

① 标准是个人生活健康、安全的保障。如吃符合卫生标准的食品，健康才有保障；衣服的甲醛含量不超标，穿着才放心；新房的甲醛含量符合国家标准，住着才放心；……标准与我们的生活息息相关。

② 标准是企业进入市场，参与国内外贸易竞争的通行证。标准是衡量企业产品质量好坏的准绳，企业生产、管理等的标准化是提高产品竞争力的有力保障。而企业要占领该领域发展的制高点，更要制定标准，即让其他企业执行其制定的标准。正所谓"一流企业做标准、二流企业做品牌、三流企业做产品"，这也是众多先进企业竞相制定国家、行业、地方标准的根本原因。

③ 标准是各行各业实现管理现代化的捷径。依据这些标准建立现代企业管理体系，无疑会达到事半功倍的效果。ISO 9000、ISO 14000的认证潮就证明了这一点。

④ 标准是国民经济持续、稳定、协调发展的保障。政府通过标准控制食品的市场准入；在法律法规中，标准起技术规则或管理规则的重要作用。

当今世界，标准竞争已成为继产品竞争、品牌竞争之后，又一种层次更深、水平更高、影响更大的竞争形式。在物联网的新一代技术浪潮中，标准的竞争将更加白热化。一个企业或一个国家，要在激烈的国际竞争中立于不败之地，必须深刻认识标准的重要意义，只有加紧完善以标准为依托的自主创新体系，才能在激烈的竞争中胜出。

1.4.2　物联网标准化

1．物联网标准化组织

物联网的标准化工作在全球与之相关的多个标准化组织中竞相展开，包括国际标准化组织（ITU、ISO、IEC、3GPP、3GPP2 等）、区域性标准化组织（ETSI 等）、国家标准化组织（CCSA、ATIS、TTA、TTC 等）、行业标准化组织及论坛（IETF、IEEE、OMA 等）等。这些标准化组织各自沿着自己擅长的领域进行研究，所开发的标准有重叠也有分工。在各标准化组织进行研究的同时，有些行业标准在国家或地区政府的推动下也在快速形成，这些行业标准带动了相关标准化组织之间的分工和合作，为物联网标准做出了实质性的贡献。目前在行业应用标准化方面，智能电网、智能交通和智慧医疗等方面的进展比较快。

2．物联网标准体系框架

物联网标准体系框架如图 1-8 所示。

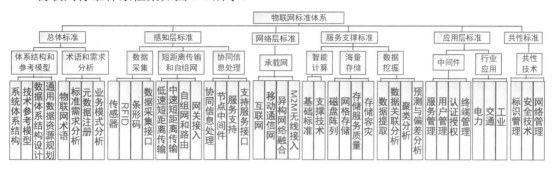

图 1-8　物联网标准体系框架

3．物联网标准化现状

标准不统一将导致设备无法互通，数据无法交互使用，不能形成规模化效益，限制物联网产业的发展。2013 年，国家物联网基础标准工作组发布了《中国物联网标准化白皮书》，对国内外的物联网标准化情况进行了梳理，分析了影响应用发展的标准问题，总结了物联网标准化的工作成就和问题。2015 年，物联网标准化工作出现了新的发展趋势，国际标准竞争日趋激烈，产业标准联盟不断涌现，业界巨头纷纷加入标准争夺战。

当前物联网标准化现状：物联网涉及的标准化组织众多，物联网总体标准亟待统一，物联网感知层标准亟须突破，物联网网络层标准相对完善，物联网服务支撑标准尚待探索，物联网应用层标准严重缺失，物联网共性标准亟须完善，我国物联网标准化工作取得较快发展，我国在国际标准化工作中的竞争力和影响力有待提升。

1.4.3　标准的查阅

物联网的标准哪里能查？怎么查？编者整理了部分常用的国家标准、行业标准、地方标准免费查阅网址，方便读者查阅。其中部分标准可免费下载，部分标准仅支持在线浏览。

① 国家标准全文公开系统，网址：http://openstd.samr.gov.cn/。

② 全国标准信息公共服务平台，网址：http://std.samr.gov.cn/。

③ 国家标准化管理委员会，网址：http://www.sac.gov.cn/。

④ 标准库，网址：http://www.bzko.com。

新修订的《中华人民共和国标准化法》已于 2018 年 1 月 1 日正式实施，其主要有以下几点变化：

① 关于标准范围：新《中华人民共和国标准化法》扩大了标准制定范围，标准制定范围从工业领域扩大到了农业、工业、服务业及社会事业等领域。

② 关于标准分类：新《中华人民共和国标准化法》第二条规定：标准包括国家标准、行业标准、地方标准和团体标准、企业标准。国家标准分为强制性标准、推荐性标准，行

业标准、地方标准是推荐性标准。

③ 关于标准公开：新《中华人民共和国标准化法》第十七条规定：强制性标准文本应当免费向社会公开。国家推动免费向社会公开推荐性标准文本。

➡ 任务实施

查阅 1 个物联网的相关标准。

➡ 任务评价

1．写出标准的名称及编号。
2．对该标准做简要介绍，说明其主要内容。
3．注明来源：网址或书籍（页码）等。
4．提交 word 文档。

练 习 题

一、单选题

1．第三次信息技术革命指的是（　　）。
　　A．互联网　　　　　B．物联网　　　　　C．智慧地球　　　　D．感知中国
2．利用 RFID、传感器、二维码等随时随地获取物体的信息，指的是（　　）。
　　A．可靠传递　　　B．全面感知　　　C．智能处理　　　　D．互联网
3．物联网的核心是（　　）。
　　A．应用　　　　　B．产业　　　　　C．技术　　　　　D．标准

二、判断题

1．物联网的核心和基础仍然是互联网，它是在互联网的基础上延伸和扩展起来的网络。
（　　）
2．物联网的目标是实现人与物、物与物的沟通，实现人类社会对物理世界的智能管理。
（　　）
3．标准的作用是统一相关产品或技术的要求，以使其更好地满足需求。（　　）

三、简答题

1．请简述物联网三层架构模型。
2．请简述物联网的特征。

第2章

认识物联网感知层技术

本章介绍

物体标识、数据感知和采集是物联网应用中重要的一环,前端数据质量的好坏直接影响到后端数据处理的精度和相应的控制概念能否正确实现。本章将介绍物联网的物体标识、数据感知和采集技术,内容涵盖了自动识别技术、条形码技术、RFID 技术、传感器技术、无线传感器网络技术、嵌入式系统技术等。

本章将围绕上述典型的物联网感知层技术展开讨论,通过对本章的学习,我们可以了解它们的典型应用并理解它们的关键技术和原理。

任务安排

任务 1　认识自动识别技术
任务 2　认识条形码技术
任务 3　认识 RFID 技术
任务 4　认识传感器技术
任务 5　认识无线传感器网络技术
任务 6　认识嵌入式系统技术

任务 1　认识自动识别技术

任务描述

物联网中非常重要的技术就是自动识别技术,自动识别技术是将信息数据自动采集、自动识别并自动输入计算机的重要方法和手段,融合了物理世界和信息世界,是物联网区别于其他网络(电信网、互联网等)最独特的部分。自动识别技术可以对每个物品进行标识和识别，并可以将数据实时更新，是实现全球物品信息实时共享的重要组成部分，是物联网的基石。那么自动识别技术主要有哪些？工作原理是什么？有何典型应用？本任务将带领大家探究上述内容。

➡ 任务目标

◖ 知识目标

- ◇ 掌握自动识别技术的概念
- ◇ 掌握自动识别技术的分类
- ◇ 了解自动识别技术的应用领域
- ◇ 了解自动识别技术的发展趋势

◖ 能力目标

- ◇ 能够掌握自动识别技术的工作原理
- ◇ 能够辨别不同种类的自动识别技术
- ◇ 了解自动识别技术的行业应用

◖ 素质目标

- ◇ 增强"四个自信"价值认同，激发爱国热情和民族自豪感
- ◇ 培养获取新知识、新技能的自主学习能力
- ◇ 培养创新意识、创新精神
- ◇ 培养积极沟通的习惯
- ◇ 培养团队合作精神

➡ 知识准备

引导案例——生活中的自动识别技术

在现实生活中，各种各样的活动或事件都会产生这样或那样的数据，这些数据包括数字、文字、符号、图形、图像及它们能转换成的数据等，这些数据的采集与分析对于我们的生产或者生活决策十分重要。如果生产和生活中没有这些实际情况的数据支撑，生产和生活决策就将成为一句空话，缺乏现实基础。

在信息系统早期，信息识别和管理多采用单据、凭证和传票等作为载体，通过手工记录、电话沟通、人工计算、邮寄或传真等方法对信息进行采集、记录、处理、传递和反馈，不但数据量十分庞大，劳动强度大，而且数据极易出现差错，信息极易滞后，失去了实时的意义，也使管理者对物品在流动过程中的各个环节难以统筹协调。为了解决这些问题，人们研究和发展了各种各样的自动识别技术，它将人们从繁重的、重复的但又十分不精确的手工劳动中解放出来，提高了信息的实时性和准确性，从而为生产的实时调整、财务的及时总结及决策的正确制定提供了正确的参考依据。

在物联网时代，自动识别技术扮演的是一个信息载体和载体认识的角色，也就是物联

网感知层技术的部分，它的成熟与发展决定着物联网应用的成熟与发展。

2.1.1 自动识别技术的概念、特点及分类

1. 自动识别技术的概念

自动识别（Automatic IDentification，Auto-ID）技术是应用一定的识别装置，通过被识别物品和识别装置之间的接近活动，主动地获取被识别物品的相关信息，并提供给后台的计算机处理系统来完成相关后续处理的一种技术，用于实现人们对各类物体或设备（人员、物品）在不同状态（移动、静止或恶劣环境）下的自动识别和管理。

自动识别技术是信息数据自动识读、自动输入计算机的重要方法和手段，是一种高度自动化的信息和数据采集技术，通俗地讲，自动识别技术就是一种能够让物品"开口说话"的技术。

在经济全球化趋势的背景下，自动识别技术被广泛应用于制造、物流、防伪、安全和社会信息化管理等快速发展的众多领域，并以其鲜明的技术特点和优势，在不同的应用领域显现出不可替代的作用，在整体信息化建设水平的提高、产品质量追溯等方面发挥了重要作用。

2. 自动识别技术的特点

自动识别技术主要有以下特点。

准确性：自动采集数据，极大地降低人为错误。

高效性：数据采集快速，信息交换可实时进行。

兼容性：以计算机技术为基础，可与信息管理系统无缝连接。

全面性：全方位、各方面采集数据，数据量足够且具有分析价值，数据面足够支撑分析。

3. 自动识别技术的种类

自动识别技术近几十年在全球范围内得到了迅猛发展，初步形成了一个包括条形码技术、卡类识别技术、RFID 技术、生物识别技术及视觉识别技术等集计算机、光、磁、物理、机电、通信技术于一体的高新技术学科，自动识别技术的种类如图 2-1 所示。

图 2-1 自动识别技术的种类

自动识别技术根据识别对象的特征可以分为两大类：数据采集技术和特征提取技术，如图 2-2 所示。这两大类自动识别技术的基本功能都是完成物品的自动识别和数据的自动采集。

数据采集技术的基本特征是需要被识别物体具有特定的识别特征载体（光、电、磁等），而特征提取技术则根据被识别物体本身的行为特征（包括静态的、动态的和属性的特征）来完成数据的自动采集。

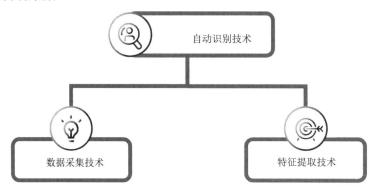

图 2-2 自动识别技术

（1）数据采集技术。

数据采集技术按照存储器介质的不同，可分为光存储器类、磁存储器类和电存储器类，如图 2-3 所示。光存储器类包括条形码（一维、二维）、光学字符识别（OCR）；磁存储器类包括磁条、磁卡等；电存储器类包括射频卡、智能卡。

（2）特征提取技术。

特征提取技术按照特征的性质可分为静态特征提取、动态特征提取及属性特征提取。静态特征提取包括指纹识别、虹膜识别、静脉识别、人脸识别等；动态特征提取包括声音识别、签名识别、步态识别等；属性特征提取包括化学感觉特征提取、物理感觉特征提取等，如图 2-4 所示。

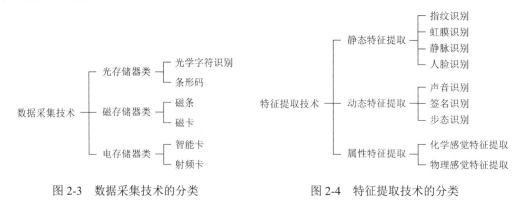

图 2-3 数据采集技术的分类　　　　图 2-4 特征提取技术的分类

2.1.2 光学字符识别技术

光学字符识别（Optical Character Recognition，OCR）是指电子设备（扫描仪、数码相

机等）基于图形识别、字符识别方法将形状翻译成计算机文字的过程，即对文本资料进行扫描，然后对图像文件进行分析处理，获取文字及版面信息的过程。其目的是要让计算机知道它到底看到了什么，尤其是文字资料。OCR 技术使设备通过确定形状，检测暗、亮模式等光学机制来识别字符。

OCR 技术的重要应用领域有办公室自动化中的文字资料自动输入，建立文献档案库，文本图像的压缩存储和传输，书刊自动阅读器，盲人阅读器，书刊资料的再版输入，古籍整理，智能全文信息管理系统，汉英翻译系统，名片识别管理系统，车牌自动识别系统，网络出版物，表格、票据、发票识别系统，身份证识别管理系统，无纸化评卷，邮件自动处理，零售价格识读，订单数据输入，单证、支票识读，微电路及小件产品上状态特征识读，与自动获取文本过程相关的其他领域。

基于科大讯飞的自研 OCR 技术，能实现将手写笔迹快速转换为文本，识别准确率高达99%。一个 OCR 系统从图像输入到结果输出，需经过图像输入、图像预处理、版面分析、文本分割、特征提取、字符识别环节，最后通过人工校正将认错的文字更正，将结果输出。OCR 系统的工作流程如图 2-5 所示。

OCR 技术可通过拍照扫描或图片上传扫描等方式，轻松快速识别中文、英文、日文、韩文、意大利文等几十种文字，并导出成多种格式，如 word、PPT、PDF、txt、图片等。OCR 技术可快速高效地实现信息采集录入，不再需要浪费人力来进行录入登记，颠覆了传统的工作模式，大幅度提高了工作效率和准确度，节省了时间成本，为社会各行各业向信息化迈进贡献了力量。

图 2-5　OCR 系统的工作流程

2.1.3　磁卡识别技术

磁卡（Magnetic Card）是一种卡片状的磁性记录介质，利用磁性载体记录字符与数字信息，用于身份识别或其他用途。一个标准的磁卡应用系统通常包括磁卡、接口设备（磁卡读写器）、计算机，较大的系统还包括通信网络和主计算机等。常用磁卡及磁卡刷卡器如图 2-6 所示。

磁卡以液体磁性材料或磁条为信息载体，将液体磁性材料涂覆在卡片（或存折）上或将宽为 6~14mm 的磁条压贴在卡片（银联卡等）上。按照使用的基材不同，磁卡可分为 PET卡、PVC 卡和纸卡三种；按照磁层构造的不同，磁卡可分为磁条卡和全涂磁卡两种。

通常情况下，磁卡的一面印有说明提示性信息，如插卡方向；另一面有磁层或磁条，具有 2~3 个磁道，用于记录有关信息数据。磁条从本质上讲和计算机用的磁带或磁盘是一样的，它可以用来记录字母、字符及数字信息。一般而言，银行卡上的磁条有 3 个磁道，分别为 Track1、Track2 和 Track3。每个磁道都记录着不同的信息，这些信息有着不同的应用。Track1 和 Track2 是只读磁道，在使用时磁道上记录的信息只能被读取而不允许写或修改；Track3 为读写磁道，在使用时可以被读取，也可以写入。

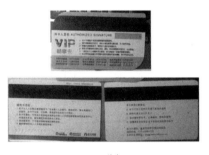
（a）磁卡

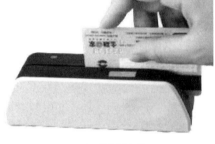
（b）磁卡刷卡器

图 2-6　常用磁卡及磁卡刷卡器

磁卡具有以下优点。

① 磁卡数据可读写，即具有现场改写数据的能力。

② 磁卡数据存储量较大，能满足大多数需求。

③ 磁条能黏附在许多不同规格和形式的基材上。

④ 磁卡造价便宜，成本低廉。

⑤ 磁卡具有一定的数据安全性。

磁卡具有以下缺点。

① 磁场因素的干扰：磁卡在使用过程中易受到诸多磁场因素的干扰，存在消磁风险。

② 磁卡易受外界影响：磁卡受压、被折、长时间磕碰、曝晒、高温，磁条划伤或弄脏等会使磁卡无法正常使用。

③ 操作不便：在刷卡器上刷卡交易的过程中，磁头的清洁、老化程度，数据传输过程中受到干扰，系统错误动作，收银员操作不当等都可能造成磁卡无法使用。

④ 磁卡有被盗刷的风险：磁卡是通过卡片中的磁条来读取卡片信息的，这种卡片是写磁的，所以很容易被一些不法分子制造伪卡盗刷用户的卡内资金。

磁卡的发展得到很多世界知名公司，以及各国政府部门几十年的鼎力支持，使得磁卡的应用非常普及，遍布国民生活的方方面面，如信用卡、银行卡、机票、自动售货卡、会员卡、现金卡（电话磁卡等）等。特别是银行系统几十年的推广使用使得磁卡的普及率得到了很大的提高。

银行卡一般可分为以下三种类型。

第一种是只有磁条的纯磁条银行卡：纯磁条银行卡的消费方式是刷磁条付款，其安全性能低，易消磁、易复制、易被盗刷。

第二种是只有芯片的金融 IC 卡：金融 IC 卡是以芯片作为介质的银行卡，其信息存储在芯片中，卡内信息难以被复制，并且有多重的交易认证流程，可有效地保障账户安全。

第三种是磁条和芯片都有的复合卡：其安全性等同于纯磁条银行卡，即便有芯片，在防止银行卡被复制方面也并没有起到作用。

随着金融卡应用范围的不断扩大，有关磁卡技术，特别是磁卡安全技术已难以满足越来越多的安全性要求较高的应用需求。为了保障用户资金安全，提高金融交易的安全系数，自 2017 年 5 月 1 日起，中国各大银行全面关闭复合卡的磁条交易功能。复合卡逐渐退出金融舞台，由更安全方便的金融 IC 卡取代。

2.1.4　IC 卡识别技术

IC 卡（Integrated Circuit Card，集成电路卡）也叫作智能卡（Smart Card）、智慧卡（Intelligent card）、微电路卡（Microcircuit card）或微芯片卡等，它将一个微电子芯片嵌入符合 ISO 7816 标准的卡基中，做成卡片形式。IC 卡通过集成电路芯片上写的数据来进行识别。IC 卡与 IC 卡读写器之间的通信方式可以是接触式，也可以是非接触式。一个标准的 IC 卡应用系统通常包括 IC 卡、IC 卡读写器（IC 卡接口设备）、计算机，较大的系统还包括通信网络和主计算机等，如图 2-7 所示。

图 2-7　IC 卡应用系统

IC 卡：由持卡人掌管，记录持卡人特征代码、文件资料的便携式信息载体。

IC 卡读写器：即 IC 卡接口设备，是 IC 卡与计算机交换信息的桥梁，且通常是 IC 卡的能量来源。其核心为可靠的工业控制单片机，如 Intel 公司的 51 系列等。

计算机：系统的核心，完成信息处理、报表生成输出和指令发放、系统监控管理、卡的发行与挂失、黑名单的建立等。

主计算机：通常用于金融服务等较大的系统。

1969 年 12 月，日本的有村国孝先生提出一种制造安全可靠信用卡的方法，并于 1970 年获得专利，那时叫 ID 卡（IDentification Card）。1974 年，法国人 Roland Moreno 第一次将可编程设置的 IC 芯片置于卡片中，使卡片具有更多功能。

IC 卡按照不同的标准，有不同的分类，IC 卡的常见分类如图 2-8 所示，具体介绍如下。

（1）根据接触方式的不同，IC 卡可分为接触式 IC 卡和非接触式 IC 卡，通常说的 IC 卡多数指接触式 IC 卡；非接触式 IC 卡又称为射频卡（RFID 卡），采用 RFID 技术与 IC 卡读写器进行通信，成功地解决了无源（卡中无电源）和免接触两大难题，是电子器件领域的一大突破，其主要用于公交、轮渡、地铁的自动收费系统，也应用在门禁管理、身份证和电子钱包等领域。关于非接触式 IC 卡的更多内容，将在本章任务 3 中进行详细阐述。

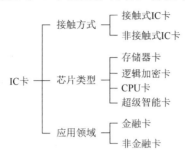

图 2-8　IC 卡的常见分类

（2）根据所封装的芯片类型的不同，IC 卡可分为存储器卡、逻辑加密卡、CPU 卡和超级智能卡四大类。超级智能卡上具有 MPU 和存储器，并装有键盘、液晶显示器和电源，有的卡上还具有指纹识别装置等。

（3）根据应用领域的不同，IC 卡可分为金融卡和非金融卡。金融卡就是应用在金融领域的 IC 卡，简单地说，就是与钱打交道的 IC 卡，分为金融信用卡与金融现金卡（水电费的交费卡、煤气费卡、就餐卡、医疗卡等）；非金融卡主要指电子证件，其记录持卡人各方面的信息，用于身份识别，如身份证、学生证、考勤卡等。

IC 卡相较于其他种类的卡具有存储容量大、体积小、质量轻、抗干扰能力强、便于携带、易于使用、安全性高、对网络要求不高等特点。与磁卡相比，其具有以下特点。

安全性高：IC 卡必须通过与读写设备之间特有的双向密钥认证。

存储容量大：IC 卡的存储容量小到几百个字符，大到上百万个字符，便于应用。

防磁：IC 卡能防一定强度的静电，抗干扰能力强，可靠性比磁卡高。

使用寿命长：IC 卡的数据至少能保持 10 年，读写次数能达到 10 万次以上。

价格：IC 卡的价格稍高。

2.1.5　生物识别技术

生物识别技术是指利用可以测量的人体生理或行为特征来识别、核实个人身份的一种自动识别技术。能够用来识别身份的生物特征应该具有广泛性、唯一性、稳定性、可采集性等特点。生物识别技术大致可分为如下两大类。

基于生理特征的生物识别技术：人脸识别、虹膜识别、视网膜识别、指纹识别、手掌几何学识别、静脉识别、基因识别等。

基于行为特征的生物识别技术：声音识别、步态识别、签名识别等。

由于生物识别技术以人的现场参与（不可替代性）作为验证的前提和特点，且基本不受人为的验证干扰，故相比于传统的钥匙、磁卡、门卫等安全验证模式具有不可比拟的安全性优势。软件和硬件设施的普及率上升、价格下降等因素使生物识别技术在金融、司法、海关、军事及人们日常生活的各个领域中扮演越来越重要的角色。所有的生物识别技术都包括原始数据获取、特征提取、比较和匹配 4 个步骤。

1. 人脸识别

人脸识别是基于人的脸部特征信息进行身份识别的一种生物识别技术。人脸识别如图 2-9 所示。其是用摄像机或摄像头采集含有人脸的图像或视频流，并自动在图像中检测和跟踪人脸，进而对检测到的人脸进行脸部识别的一系列相关技术，通常也被叫作人像识别、面部识别。

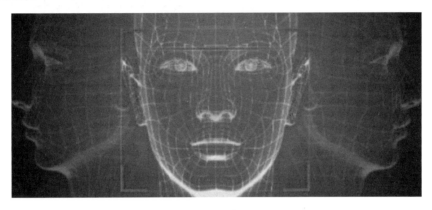

图 2-9　人脸识别

人脸识别系统主要包括四个组成部分，分别为人脸图像采集及检测、人脸图像预处理、人脸图像特征提取、匹配与识别。

人脸与人体的其他生物特征（指纹、虹膜等）一样与生俱来，它的唯一性和不易被复制的良好特性为身份鉴别提供了必要的前提。人脸识别的主要特点如下。

（1）非强制性：人脸是唯一不需要用户主动配合就可以采集到的生物特征信息。其他生物特征的采集过程，如指纹、掌纹、虹膜、静脉、视网膜，都需要以用户的主动配合为前提，即若用户拒绝采集，则无法获得高质量的特征信息。

（2）非接触性：设备不需要和用户直接接触就能获取人脸图像。

（3）并发性：在实际应用场景下，可以进行多个人脸的分拣、判断及识别。

（4）信息的可靠性及稳定性较弱：年龄的变化或者整容可能会导致一个人的容貌发生比较大的变化。

（5）信息量较少，辨识性不高：人脸蕴含的信息量较少，变化的复杂性不够，辨识性不是很高。例如，若要两个人的指纹或者虹膜基本相同，大概需要几十个乃至上百个比特达到完全重合才可以，但如果是人脸的话，十几个比特达到重合就可以。

（6）外界影响较大：外界环境的变化（光照问题、遮挡问题、动态识别等）使得被采集出来的人脸图像有可能不完整，从而影响特征提取与识别，甚至会导致人脸检测算法失效。

近些年，基于深度学习的人脸识别技术可以通过网络自动学习人脸特征，提高了人脸检测效率。同时，随着人工智能、大数据、云计算技术创新幅度的增大，技术更迭速度的加快，人脸识别作为人工智能的一项重要应用，也搭上了这 3 辆"快车"，基于人脸识别技术的一系列产品实现了大规模落地。目前，人脸识别产品已广泛应用于金融、司法、军队、公安、边检、政府、航天、电力、工厂、教育、医疗等领域。随着技术的进一步成熟和社会认同度的提高，人脸识别技术将应用于更多的领域。

2．虹膜识别

人眼睛的外观主要由巩膜、虹膜、瞳孔三部分构成，虹膜在眼球中的位置如图 2-10 所示。虹膜是一种在瞳孔内的织物状各色环状物，每一个虹膜都包含一个独一无二的基于像冠、水晶体、细丝、斑点、结构、凹点、射线、皱纹和条纹等特征的结构。据称，任意两个虹膜都是不一样的。

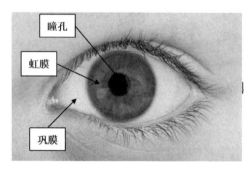

图 2-10　虹膜在眼球中的位置

虹膜的形成由遗传基因决定，人体的基因表达决定了虹膜的形态、生理、颜色和总的外观。虹膜在胎儿发育阶段形成后，在整个生命历程中保持不变，这决定了虹膜特征的独特性，同时决定了其作为身份识别特征的唯一性。虹膜是外部可见的，但同时属于内部组织，位于角膜后面，要改变虹膜外观，需要非常精细的外科手术，而且要冒着视力损伤的风险。虹膜的高度独特性、稳定性及不可更改的特点是虹膜可用于身份识别的物质基础。在包括指纹识别在内的所有生物识别技术中，虹膜识别是当前应用最为方便和精确的一种。

虹膜识别通过对比虹膜图像特征之间的相似度来确定人们的身份，它的核心是使用模式识别、图像处理等方法对虹膜特征进行描述和匹配，从而实现个人身份的自动认证。虹膜识别的主要步骤有虹膜图像的获取、预处理、特征提取与编码、分类。中国科学院自动化所谭铁牛院士团队从 1998 年起开始在国内开展虹膜识别的研究，在虹膜图像获取、虹膜区域分割、虹膜特征表达、虹膜图像分类等一系列关键问题上取得了重要进展，系统发展了虹膜识别的计算理论和技术方法，具有完整自主知识产权的虹膜设备和识别系统。

虹膜识别是目前精确度、稳定性、可升级性更高的身份识别方式，其优势主要体现在以下方面。

方便快捷：虹膜是身体自身的功能器官，不像密码、密钥那样容易忘记或丢失。

无法复制：不同于指纹和面部容易被磨损和复制，虹膜在眼睛内部，几乎没有被复制的可能。

非接触性：使用虹膜识别不需要和设备直接接触就可以获取图像，干净卫生，避免了疾病的接触传染。

虹膜识别也存在一定的缺点，主要表现：虹膜识别相较于其他生物识别方式，技术难度更高，相关产品的造价和成本也较高，大范围推广存在困难。另外，当用户佩戴美瞳、有色眼镜、太阳镜时，会对虹膜识别造成一定干扰，影响用户的良好体验。

此前，人脸识别被广泛应用，虹膜识别并未能成功推广，目前人们戴口罩的情况越来越普遍，人脸识别遭遇尴尬，虹膜识别可作为替代方案，实现戴着口罩也能完成身份识别。目前，虹膜识别系统在受控条件下可以高精度确认用户身份，已广泛应用于国民证照、金融证券、边检通关、社保福利、教育考试、门禁考勤、互联网络、信息安全等重要领域。

3．视网膜识别

视网膜是一些位于眼球后部十分细小的神经（一英寸的 1/50），它是人眼感受光线并将信息通过视神经传给大脑的重要器官，用于生物识别的血管分布在视网膜周围。有研究表明，每个人的眼睛后半部的血管图形都是唯一的，即使是孪生兄弟也各不相同。视网膜图形是稳定的，除非有眼科疾病或者严重的脑部创伤。

视网膜识别设备要获得视网膜图像，使用者的眼睛与录入设备的距离应在半英寸之内，并且在录入设备读取视网膜图像时，眼睛必须处于静止状态。视网膜识别要求激光照射眼球的背面以获得视网膜特征，录入设备从视网膜上可以获得 400 个特征点，因此，用于视网膜识别的录入设备的认假率低于百万分之一。视网膜识别虽然是精确可靠的生物识别技术，但由于在感觉上它高度介入人的身体，因此它也是最难被人接受的技术。

视网膜识别的优点：视网膜是一种极其固定的生物特征，不磨损、不老化、不易受疾病影响；使用者无须和设备直接接触；是一个最难欺骗的系统，因为视网膜不可见，所以不会被伪造。

视网膜识别的缺点：激光照射眼球的背面可能会影响使用者健康，这需要进一步的研究；对消费者而言，视网膜识别没有吸引力；很难进一步降低成本。

4．签名识别

签名作为身份认证的手段已经用了几百年，将签名数字化的过程包括将签名图像本身数字化及记录整个签名的动作（包括每个字母及字母之间不同的速度、笔序和压力等），签名识别如图 2-11 所示。签名识别和声音识别一样，是一种行为识别技术。

图 2-11　签名识别

签名识别的优点：实名认证，意愿真实，可追溯，防篡改，容易被大众接受，是一种公认的身份识别技术。

签名识别的缺点：随着经验的增长、性情的变化与生活方式的改变，签名也会随着改变；很难将尺寸小型化。

在互联网蓬勃发展的今天，签名识别已开始越来越广泛地应用到互联网金融、电子商务、电子合同、电子公文流转、旅游、O2O、物流等诸多领域。

5. 指纹识别

指纹识别是指通过比较不同指纹的细节特征点来进行鉴别的生物识别技术，每个人的指纹纹路在图案、断点和交叉点上各不相同，也就是说，是唯一的，并且终生不变。根据这种唯一性和稳定性，我们就可以把一个人同他的指纹对应起来，通过对他的指纹和预先保存的指纹进行比较，就可以验证他的真实身份，这就是指纹识别，指纹识别如图 2-12 所示。

指纹具有以下三大固有特性：①确定性，每幅指纹的结构是固定的，胎儿在 4 个月左右时就形成了指纹，以后就终身不变；②唯一性，出现两个完全一致的指纹的概率非常小，不超过 2^{-60}；③可分类性，可以按指纹的纹线走向进行分类。

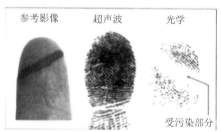

图 2-12　指纹识别

指纹识别系统是一个典型的模式识别系统，包括指纹图像获取、指纹图像处理、指纹特征提取、指纹匹配等模块。常见的指纹识别主要有以下三种。

光学式指纹识别：价格低廉、可靠性及稳定性差。

电容式指纹识别：技术成本较高，但具备识别速度快、精确度高、可识别活体指纹、杜绝仿制指纹蒙混过关等优点。

超声波指纹识别：能够不受手指上可能存在的污物影响，如汗水、护手霜或凝露等，是一种更稳定、更精确的认证方法。与基于传统电容触摸屏的指纹识别相比，其可提供更高的识别能力、适用性和集成性。

指纹识别的优点：指纹是人体独一无二的特征，并且它们的复杂度足以满足鉴别的要求；如果要增加可靠性，只需登记更多的指纹、鉴别更多的手指，最多可以多达十个，而每一个指纹都是独一无二的；扫描指纹的速度很快，使用非常方便；读取指纹时，用户必须将手指与指纹采集头相互接触，与指纹采集头直接接触是读取人体生物特征最可靠的方法；指纹采集头可以更加小型化，并且价格会更加低廉。

指纹识别的缺点：某些人或某些群体的指纹特征少，难成像；每一次使用指纹时都会在指纹采集头上留下用户的指纹印痕，而这些指纹印痕存在被用来复制指纹的可能性；对环境的要求较高，手指的湿度、清洁度等都可能影响识别结果。

6. 声音识别技术

声音识别又称为语音识别，声音识别设备不断地测量和记录声音的波形变化，然后将现场采集到的声音同登记过的声音模板进行各种特征的匹配，声音识别如图2-13所示。声音识别系统可以用声音指令实现"不用手"的数据采集，其最大特点就是不用手和眼睛，这对那些采集数据的同时还要手眼并用的工作场景尤为适用。

图2-13　声音识别

声音识别的优点：声音识别是一种非接触的识别技术，用户可以很自然地接受。

声音识别的缺点：作为行为识别技术，声音变化的范围太大，很难精确地进行匹配；音量、速度和音质的变化会影响声音采集与比对的结果；很容易用录在磁带上的声音来欺骗声音识别系统；高保真的麦克风很昂贵。

声音识别技术的迅速发展及高效可靠的应用软件的开发，使声音识别在很多方面得到了应用。例如，声纹鉴别目前已经是公安部的标准，是可以作为证据进行鉴定的。又如，用语音输入代替文字录入（用于输入法、搜索引擎、导航软件等），IM通信软件的语音转文字功能，和聊天机器人、智能音箱等设备进行语音对话等。

科大讯飞在2022年发布的产品在近场安静的情况下，声音识别的准确率已经达到了98%，可识别23种方言及60个语种，实现了1分钟400字的记录效率。多人会议场景下说话人分离和识别的准确率，也从88%提高到了95%。

7. 步态识别

步态识别是采用摄像头对识别目标的走路过程进行数据获取、检测、分割，也就是视觉检测整个行走过程的画面，完成一个完整的行走周期后，针对特征进行数据提取，将该步态数据输入要比对的数据库进行比对，进而对检测目标进行身份确认的技术。步态识别的输入是一段行走的视频图像序列，其数据采集与人脸识别类似，具有非侵犯性和可接受性，步态识别如图2-14所示。

步态识别可以实现远距离、跨视角的识别，人体在行动过程中可提取的信息比较多，一类是内部特征，包含身高、头型、腿骨、关节等生理信息；另一类是人体行走的动态特征，包含走路的姿态、手臂摆动的幅度、肩部和头部在走路过程中的运动幅度等。

步态识别常应用于刑侦破案、嫌疑人检索等场景，特别是在派出所、看守所、监狱、公安刑事案件等领域中得到了广泛的应用。

图 2-14   步态识别

🔘 任务实施

查阅国内外的生物识别技术有哪些，各有什么特点及应用领域。

🔘 任务评价

1. 写出生物识别技术的种类。
2. 对不同的生物识别技术进行详细介绍：主要特点和应用领域。
3. 注明来源：网址或书籍（页码）等。
4. 提交 word 文档。

任务 2   认识条形码技术

🔘 任务描述

条形码技术是物联网自动识别技术中的一类。本任务将介绍常用的条形码技术，主要包括一维条形码技术和二维码技术。通过对本任务的学习，大家将了解条形码技术的基本概念和典型的分类，进一步了解条形码技术的原理及在生活中的典型应用。

🔘 任务目标

📍 知识目标

◇ 掌握一维条形码、二维码的基本概念
◇ 理解一维条形码、二维码的基本组成结构
◇ 了解一维条形码、二维码的优缺点
◇ 掌握一维条形码、二维码的分类
◇ 理解一维条形码、二维码的识别原理

📍 能力目标

◇ 能够发现生活中条形码的应用

◇ 能够解释条形码的识别原理
◇ 能够制作属于自己的条形码

素质目标

◇ 培养主动观察的意识
◇ 培养独立思考的能力
◇ 培养积极沟通的习惯
◇ 培养团队合作精神
◇ 培养新时代的创新精神

知识准备

引导案例——身边的条形码

如今，我们的生活已经离不开"手机扫码"，"码"在我们的生活中无处不在，如图2-15所示。几条黑线、几个黑方块的罗列，怎么会蕴含那么多的信息呢？条形码在我们生活中无处不在，如做核酸时使用的健康码，超市购物时商品包装上的条形码，快递包裹上的条形码、微信付款时使用的支付二维码，介绍商品详细信息的二维码等。

图 2-15 生活中的"码"

条形码（Bar Code）是将宽度不等的多个黑条和空白区域，按照一定的编码规则排列，用于表达一组信息的图形标识符。条形码技术是最早也是最成功的自动识别技术，条形码按维数可分为一维条形码和二维码。条形码在我们生活中无处不在，也许你现在身处的环境中就有条形码的存在，或者是你手中的一支笔，或者是你旁边的一本书，去发现你身边的条形码吧！

2.2.1 一维条形码技术

1. 条形码的起源与发展

条形码起源于20世纪40年代，应用于20世纪70年代，普及于20世纪80年代。条形码技术是在计算机应用和实践中产生并发展起来的广泛应用于商业、邮政、图书管理、仓储、工业生产过程控制、交通等领域的一种自动识别技术，具有输入速度快、准确度高、成本低、可靠性高等优点，在当今的自动识别技术中占有重要的地位。

20世纪40年代，美国有两个年轻人伯纳德·希尔弗和诺曼·伍德兰，当时他们正在费城德里克塞尔技术学院就读。1948年的一天，伯纳德·希尔弗偶然在学院大厅里听到某食品连锁超市董事长与校长的谈话。董事长希望学校能帮助他们研制一个设备，在收银员结账时，可以自动得到商品信息，却被这位校长婉言拒绝了。这件事引起了伯纳德·希尔弗和诺曼·伍德兰的兴趣。在佛罗里达的海滩上，诺曼·伍德兰获得灵感。他回忆道："我把四个手指插入沙中，不自觉地划向自己，划出四条线。天呀！这四条线可宽可窄，不是可以取代长划和短划的莫尔斯电码吗？"莫尔斯电码也被称作摩斯密码，是一种时通时断的信号代码，通过不同的排列顺序来表示不同的英文字母、数字和标点符号。诺曼·伍德兰脑中灵光一闪，捕捉到了条形码的秘诀。

1949 年 10 月 20 日，伯纳德·希尔弗和诺曼·伍德兰提交了专利申请报告，其中详细阐明了条形码的结构和读码器的设计原理。1952 年 10 月 7 日，这项专利被批准，由此奠定了诺曼·伍德兰和伯纳德·希尔弗两人作为条形码发明人的地位。条形码的发展历程如表 2-1 所示。

表 2-1　条形码的发展历程

1970 年	美国超级市场 AdHoc 委员会制造了通用商品代码——UPC 码（Universal Product Code），此后许多团体也提出了各种条形码符号方案
1972 年	莫那奇·马金（Monarch Marking）等人研制出库德巴码（Codabar），至此美国的条形码技术进入了新的发展阶段
1973 年	美国统一代码委员会（Uniform Code Council，UCC）于 1973 年建立了 UPC 条形码系统，并全面实现了该条形码编码及其所标识的商品编码的标准化
1974 年	Intermec 公司的戴维·阿利尔（Davide Allair）博士推出 39 码，很快被美国国防部采纳，作为军用条形码码制
1977 年	欧洲共同体在 UPC 码的基础上，开发出与 UPC 码兼容的 EAN 码（European Article Number），并正式成立了欧洲物品编码协会（European Article Numbering Association，EAN）
1988 年	二维码开始出现，特德·威廉斯（Ted Williams）推出 Code 16K，Symbol 公司推出 PDF417 码
1988 年	我国的条形码技术起步较晚，在 1988 年底成立了中国物品编码中心，其在 1991 年代表中国加入 GS1

2．一维条形码的定义

一维条形码是由一组规则排列的条、空及对应字符组成的标记，"条"（黑条）是指对光线反射率较低的部分，"空"（白条）是指对光线反射率较高的部分。这些条和空排成的平行线图案，表达了一定的信息并能够用特定的设备识读，转换成与计算机兼容的二进制和十进制信息，如图 2-16 所示。

图 2-16　一维条形码

3．一维条形码的优缺点

一维条形码的优点如下。

① 输入速度快。与键盘输入相比，一维条形码输入的速度是键盘输入的五倍，并且能实现及时数据输入。

② 可靠性高。键盘输入数据的出错率为三百分之一，采用 OCR 技术输入数据的出错率为万分之一，而采用条形码技术输入数据的出错率为百万分之一。

③ 采集信息量大。一维条形码一次可采集几十个字符的信息。

④ 灵活实用。条形码标识既可以作为一种识别手段单独使用，又可以和有关识别设备组成一个系统实现自动化识别，还可以和其他控制设备连接起来实现自动化管理。

⑤ 低成本。一维条形码标签易于制作，用专业的条形码打印软件就可以实现批量制作打印，对设备和材料没有特殊要求，一维条形码识别设备也易于操作，不需要特殊培训。

一维条形码的缺点如下。

① 数据容量较小，需要依靠计算机的关联数据库。

② 一维条形码只在一个方向（一般是水平方向）表达信息，而在另一个方向（一般是垂直方向）不表达任何信息，其高度固定通常是为了便于阅读器对准。

③ 一维条形码可直接显示的内容为英文、数字、简单符号，不能显示汉字。

④ 保密性能不高。

⑤ 污损后识别性差。

4．一维条形码的基本概念及组成

（1）一维条形码的基本概念。

模块：构成条形码的基本单位是模块，模块是指条形码中最窄的条或空，模块的宽度通常以 mm 为单位。

码制：指条形码的类型，各种条形码都由符合特定编码规则的条和空组合而成，具有固定的编码容量和条形码字符集。

条形码字符集：某种码制所表示的全部字符的集合。

连续性与非连续性：非连续性指每个条形码字符之间存在间隔，连续性指每个条形码字符之间没有间隔。

（2）一维条形码的组成。

一个完整一维条形码的组成次序为静区（前，左侧空白区）、起始符、数据符、中间分割符（主要用于 EAN 码）、校验符、终止符、静区（后，右侧空白区）、下侧附有供人识别的字符（见图 2-17）。

图 2-17　一维条形码的组成

空白区又称为静区，指条形码起始符、终止符两端外侧与空的反射率相同的限定区域，位于左侧的称为左侧空白区，位于右侧的称为右侧空白区。它们分别提示识读设备开始识别和结束识别。左、右侧空白区对于条形码能否被正确识别有着重要意义，是衡量条形码符号质量的重要参数之一。左、右侧空白区宽度不够会导致条形码被误读或拒读。当两个条形码相距较近时，左、右侧空白区有助于对它们进行区分，左、右侧空白区的宽度通常应不小于 6mm。

起始符是指条形码的第一个字符，标志着一个条形码的开始，识读设备确认此字符存在后开始处理扫描脉冲。终止符是指条形码的最后一个字符，标志着一个条形码的结束，识读设备在确认该字符后停止工作。

数据符是指位于起始符后的字符，用于记录一个条形码的数据值，其结构异于起始符，允许双向扫描。

校验符的作用是检验读取到的数据是否正确，不同的编码规则下可能有不同的校验规则。

5．一维条形码的分类

常用的一维条形码的码制包括 EAN 码、39 码、交叉二五码、UPC 码、128 码、93 码、ISBN 及 Codabar 码等。不同的码制有其各自的应用领域，应用较多的一维条形码有 EAN 码和 UPC 码两种，其中 EAN-13 码是我国主要采用的编码标准，UPC 码主要用于北美地区。EAN 码是国际通用符号体系，它是一种定长、无含义的条形码，主要用于商品标识。

（1）EAN 码。

EAN 码是国际物品编码协会制定的一种商品用条形码，通用于全世界。EAN 码有标准版（EAN-13 码）和缩短版（EAN-8 码）两种。两种条形码的最后一位为校验位，由前面的 12 位或 7 位数字计算得出。

EAN 码具有以下特性。

① 只能存储数字。

② 可双向扫描处理，即条形码可由左至右或由右至左扫描。

③ 必须有一位校验码，以防读取资料错误的情形发生，位于 EAN 码中的最右边处。

④ 具有左护线、中线及右护线，以分隔条形码上的不同部分并留有适当的数据读取安全空间，方便数据的准确读取和处理。

⑤ 条形码长度一定，欠缺弹性，但经由适当的管控渠道，可使其通用于世界各国。

⑥ 根据结构的不同，EAN 码可分为：

EAN-13 码：由 13 个数字组成，是 EAN 码的标准编码形式，如图 2-18 所示。

图 2-18　EAN-13 码

EAN-8 码：由 8 个数字组成，是 EAN 码的简易编码形式。

EAN-13 码是我国最常用的条形码，EAN-13 码共 13 个数字，由国家代码（3 个数字）、厂商代码（4 个数字）、产品代码（5 个数字），以及校验码（1 个数字）组成。当我们去超市购物的时候会发现，如果收银员扫描图 2-18 所示的商品条形码不成功，那么她会手动输入一串数字，输入的一串数字就是商品条形码下面的数字。

（2）UPC 码。

UPC 码是美国统一代码委员会制定的一种商品条形码，主要在美国及加拿大使用。在其基础之上发展起来的 EAN 码则已成为适用范围最广的通用条形码。UPC 码只能用来表示 0～9 的数字。每 7 个模组表达一个字符，每个模组有空（白色）与条（黑色）两种状态。UPC 码分为 UPC-A/B/C/D/E 五种版本。

（3）交叉二五码。

交叉二五码是 1972 年由美国 Intermec 公司发明的一种条、空均表示信息的连续型、非定长、具有自校验功能的双向条形码。其主要应用于包装、运输及国际航空系统的机票顺序编号等。

（4）ISBN。

国际标准书号（International Standard Book Number，ISBN）是专门为识别图书等文献设计的国际编号，如图 2-19 所示。ISO 于 1972 年发布了 ISBN 国际标准，并在西柏林普鲁士图书馆设立了实施该标准的管理机构——国际 ISBN 中心。采用 ISBN 编码系统的出版物有图书、小册子、缩微出版物、盲文印刷品等。

（5）Codabar 码。

Codabar 码主要用于医疗卫生、图书情报、物资等领域数字和字母信息的自动识别。

ISBN 978-7-115-50263-6

图 2-19 ISBN 示意图

6. 一维条形码的识别原理

大家去超市收银台结账时，便会看见收银员扫描商品包装上的条形码并在计算机显示屏上看到相应的结果，那么大家知道这个过程的原理吗？这里就要提到条形码识别系统。条形码识别系统由条形码扫描器、放大整形电路、译码接口电路和计算机系统等部分组成，如图 2-20 所示。

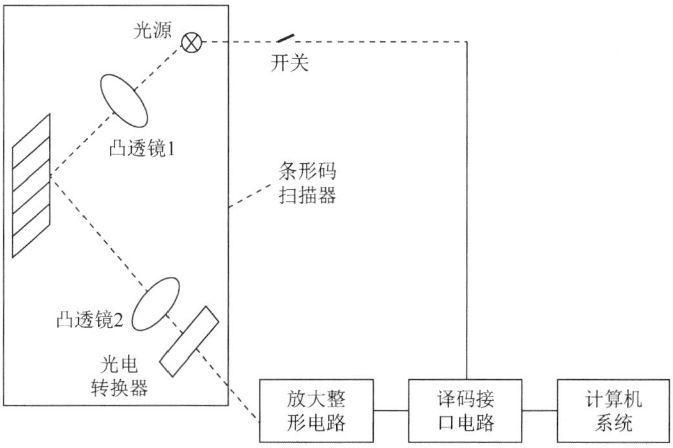

图 2-20 条形码识别系统

由于不同颜色的物体，其反射的可见光的波长不同，白色物体能反射各种波长的可见光，黑色物体则能吸收各种波长的可见光，所以当条形码扫描器光源发出的光经过凸透镜 1，照射到黑白相间的条形码上时，反射光经凸透镜 2 照射到光电转换器上，光电转换器将其转换成相应的电信号输出到放大整形电路。

放大电路将信号放大后，输入整形电路，整形电路将放大后的信号转换成相应的数字、字符信息，通过译码接口电路传送给计算机系统进行数据处理与管理，便完成了条形码识别的全过程。

2.2.2 二维码技术

1. 二维码的发展历程

在一维条形码的基础上，条形码又发展出二维码。一小块方形图案包含各种黑白线段和条块。它相比于一维条形码增添了更多信息，除了字母、数字，还包括各种文字和图像。

更重要的是，二维码可以不用与计算机数据库相连，只利用码中的信息就足够了。

国外对二维码的研究始于 20 世纪 80 年代末，在二维码符号表示技术研究方面已研制出多种码制，常见的有 PDF417 码、QR 码、Code 49、Code 16K、Code One 等。这些二维码的信息密度相比于传统的一维条形码有了较大提高。在二维码设备开发、研制、生产方面，美国、日本等国的设备制造商生产的识读设备及符号生成设备已广泛应用于各类二维码应用系统。二维码作为一种全新的信息存储、传递和识别技术，自诞生之日起就得到了世界上许多国家的关注。美国、德国、日本等国家不仅已将二维码应用于公安、外交、军事等部门对各类证件的管理，还将二维码应用于海关、税务等部门对各类报表和票据的管理，商业、交通运输等部门对商品及货物运输的管理，邮政部门对邮政包裹的管理，工业生产领域对工业生产线的自动化管理。

我国对二维码的研究开始于 1993 年。随着我国市场经济的不断完善和信息技术的迅速发展，国内对二维码这一新技术的需求与日俱增。中国物品编码中心在国家质量技术监督局和国家有关部门的大力支持下，对二维码的研究不断深入。2011 年 4 月，二维码支付首个小样完成。3 个月后，支付宝在广州召开发布会，在国内首推二维码支付。但过程并非一帆风顺，在经历了重重困难后，随着智能手机的进一步普及、4G 时代来临等，"扫码支付"的实现条件进一步成熟。2013 年"双 12"电商购物节，支付宝高调在全国近 100 个品牌、2 万家门店推广扫码优惠。随后，微信等第三方平台也推出相应功能。移动支付就这样有了明确的标准和入口，而这也是今天许多中国人习惯出门不带现金后最主要的线下支付方式。目前，二维码已与我们的生活出行息息相关。

2．二维码的定义

二维条形码又称为二维码，是某种特定的几何图形按一定规律在平面（二维方向）上分布的、黑白相间的、记录数据符号信息的图形。各种二维码如图 2-21 所示。二维码在代码编制上巧妙地利用构成计算机内部逻辑基础的"0""1"比特流的概念，使用若干个与二进制相对应的几何形体来表示文字数值信息，通过图像输入设备或光电扫描设备自动识读来实现信息自动处理。它与条形码技术具有一些共性：每种码制有其特定的字符集；每个字符占有一定的宽度；具有一定的校验功能等。除此之外，二维码还具有对不同行信息的自动识别功能、处理图形旋转变化点功能。

  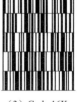

（1）Aztec 码　　（2）PDF147 码　　（3）Code 16K

（4）QR 码　　（5）Datamatrix 码

图 2-21　各种二维码

3．二维码的优缺点

二维码的优点如下。

① 高密度编码，信息容量大（最大数据含量是 1850 个字符）。

② 编码范围广（图片、声音、视频等）。

③ 容错能力强，具有纠错功能（最大污损面积 50%依旧可以正常识读）。

④ 译码可靠性高。

⑤ 保密、防伪性能好（密码加密、软件防伪等）。

⑥ 成本低，易制作，持久耐用。

⑦ 尺寸较小，空间利用率高。

⑧ 条形码符号形状可变。

二维码的缺点如下。

二维码成为手机病毒、钓鱼网站传播的新渠道。相关专家提醒群众提高防范意识，扫描前先判断二维码的发布来源是否权威可信。一般来说，正规的报纸、杂志，以及知名商场的海报上提供的二维码是安全的，但在网站上发布的未知来源的二维码需要引起警惕。应该选用专业的加入了监测功能的扫码工具，当扫描到可疑网址时，会有安全提醒。如果通过二维码来安装软件，安装好以后，最好先用杀毒软件扫描一遍再打开。

一维条形码和二维码的对比如表 2-2 所示。

表 2-2　一维条形码和二维码的对比

条形码类型	信息密度与信息容量	错误校验及纠错能力	垂直方向是否携带信息	用途	对数据库和通信网络的依赖	识读设备
一维条形码	信息密度低，信息容量较小	可通过校验字符进行错误校验，没有纠错能力	不携带信息	对物品的标识	多数应用场合依赖数据库及通信网络	可用线扫描器识读，如光笔、线阵 CCD、激光器等
二维码	信息密度高，信息容量大	具有错误校验和纠错能力，可根据需求设置不同的纠错级别	携带信息	对物品的描述	可不依赖数据库和通信网络而单独应用	对于行排列式二维码可用线扫描器多次扫描识读，对于矩阵式二维码仅能用图像扫描器识读

4．二维码的分类

与一维条形码一样，二维码也有许多不同的编码方法，称为码制。

常用的二维码有 PDF417 码、Datamatrix 码、QR 码、Code 49、Code 16K、Code One 等，除这些常见的二维码外，还有 Vericode 条形码、Maxicode 条形码、CP 条形码、Codablock F 条形码、田字码、Ultracode 条形码及 Aztec 码。

就这些二维码的编码原理而言，通常可分为以下两种类型。

（1）行排式二维码。

行排式二维码又称为堆积式二维码或层排式二维码，其编码原理建立在一维条形码基础之上，按需要堆积成两行或多行。它在编码设计、校验原理、识读方式等方面继承了一维条形码的一些特点，识读设备及条形码印刷与一维条形码兼容。但由于行数的增加，需要对行进行判定，其译码算法与软件也不完全相同于一维条形码。有代表性的行排式二维码有 Code 16K、Code 49、PDF417 码、MicroPDF417 码等。

（2）矩阵式二维码。

矩阵式二维码又称为棋盘式二维码，它通过一个矩形空间内黑、白像素在矩阵中的不同分布进行编码。在矩阵相应元素位置上，用点（方点、圆点或其他形状）的出现表示二进制"1"，点的不出现表示二进制的"0"，点的排列组合确定了矩阵式二维码所代表的意义。矩阵式二维码是建立在计算机图像处理技术、组合编码原理等基础上的一种新型图形符号自动识读处理码制。具有代表性的矩阵式二维码有 Code One、Maxicode、QR 码、Datamatrix 码、Han Xin Code、Grid Matrix 等。

5．QR 码

QR 码是二维码的一种，QR 是英文"Quick Response"的缩写，意为快速反应，源自发明者希望 QR 码可让其内容快速被解码。QR 码与普通条形码相比，可存储更多资料，也无须像普通条形码那样在扫描时直线对准扫描器。QR 码呈正方形，只有黑白两色。4 个角落中的 3 个像"回"字的正方形图案（见图 2-22）。这 3 个图案是帮助解码软件实现定位的，使用者不需要对准，无论以什么角度扫描，资料都可被正确读取。与传统的一维条形码相比，它能存储更多的信息，也能表示更多的数据类型。

图 2-22　QR 码

（1）QR 码的特点。

① QR 码容量大。

② 可 360°高速识读。

③ 具有 4 个等级的纠错功能。

④ 抗弯曲的性能强。

（2）QR 码的结构。

如图 2-23 所示，每个 QR 码由名义上的正方形模块构成，组成一个正方形阵列，它由编码区域和包括寻象图形、分隔符、定位图形和校正图形在内的功能图形组成，功能图形不能用于数据编码。符号的四周被空白区包围。

寻象图形：寻象图形包括三个相同的位置探测图形，分别位于符号的左上角、右上角和左下角。每个位置探测图形可以看作由 3 个重叠的同心的正方形组成，它们分别为 7×7 个深色模块、5×5 个浅色模块和 3×3 个深色模块。

分隔符：在每个位置探测图形和编码区域之间有宽度为 1 个模块的分隔符，它全部由浅色模块组成。

定位图形：水平和垂直定位图形分别为一个模块宽的一行和一列，由深色、浅色模块交替组成，其开始和结尾都是深色模块。

　　校正图形：每个校正图形可看作 3 个重叠的同心正方形，由 5×5 个深色模块、3×3 个浅色模块及位于中心的一个深色模块组成。校正图形的数量视符号的版本号而定，若规格确定，则校正图形的数量和位置也就确定了。

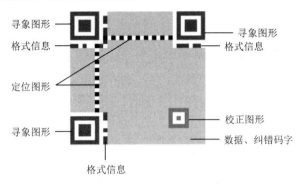

图 2-23　QR 码结构

　　（3）QR 码错误修正容量。

　　QR 码有容错能力，即 QR 码图形即使有破损，也可以被机器读取内容，7%～30%面积破损仍可被读取。所以 QR 码可以被广泛使用在运输外箱上。相对而言，容错率越高，QR 码图形面积越大，所以一般折中使用 15%容错能力。QR 码错误修正容量如表 2-3 所示。

表 2-3　QR 码错误修正容量

纠错等级	错误修正容量
L 水平	7%的字码可被修正
M 水平	15%的字码可被修正
Q 水平	25%的字码可被修正
H 水平	30%的字码可被修正

6．汉信码

　　汉信码是一项我国具有自主知识产权的国家标准，是中国物品编码中心取得的诸多科研成果之一。"汉信码"这个名称有两个含义：其一，"汉"代表中国，"汉信"即表示中国的信息，也表示汉字信息，汉信码就是标识中文信息性能最好的二维码；其二，汉信码是我国在二维码领域向世界发出的信息和声音，标志着我国开始走上国际条形码技术的主要舞台，开始具有自己的技术话语权，即"汉之信"。中国物品编码中心是我国二维码应用的重要推动者，同时也是我国首个具有自主知识产权国家标准的新型二维码——汉信码的研发者。

　　（1）汉信码的技术特点。

　　① 超强的汉字表示能力，支持 GB 18030—2005 中规定的 160 万个汉字信息字符。

　　② 汉字编码效率高，采用 12bit 的压缩比率，每个符号可表示 12～2174 个汉字字符。

　　③ 信息密度高，可以用来表示数字、英文字母、汉字、图像、声音、多媒体等一切可以二进制化的信息。

④ 信息容量大，可以对照片、指纹、掌纹、签字、声音、文字等可数字化的信息进行编码。

⑤ 支持加密技术，是第一种在码制中预留加密接口的条形码，它可以与各种加密算法和密码协议进行集成，因此具有极强的保密防伪性能。

⑥ 抗污损和畸变能力强，可以被附着在常用的平面或桶装物品上，并且可以在缺失两个定位标的情况下进行识读。

⑦ 修正错误能力强，采用世界先进的数学纠错理论及太空信息传输中常采用的 Reed-Solomon 纠错算法，汉信码的纠错能力可以达到 30%。

⑧ 可供用户选择的纠错能力，汉信码提供四种纠错等级，使得用户可以根据自己的需要在 8%、15%、23% 和 30% 各种纠错等级上进行选择，从而具有高度的适应能力。

⑨ 符号无成本，利用现有的点阵、激光、喷墨、热敏/热转印、制卡机等打印技术，即可在纸张、卡片、PVC，甚至金属表面上印出汉信码。由此所增加的费用仅是油墨的成本，可以真正称得上是一种"零成本"技术。

⑩ 码符号的形状可变，支持 84 个版本，可以由用户自主选择，最小码仅有指甲大小。

⑪ 外形美观，考虑到人的视觉接受能力，在视觉感官上具有突出的特点。

（2）汉信码的应用前景。

政府及主管部门：政府办公、电子政务、国防军队、医疗卫生、公安出入境、公安消防、贵重物品防伪、海关管理、食品安全、产品追踪、金融保险、质检监察、交通运输、人口管理、出版发行、票证/卡等。

移动商务、互联网及相关行业：移动通信、票务业、广告业、互联网等；如手机条形码、电子票务/电子票证、电子商务等。

供应链管理：装备制造、物流业、零售业、流通业、物流供应链等。

→ 任务实施

1. 与同学进行讨论：我国人每天扫码 15 亿次，全世界每年消耗二维码超百亿个，二维码会用完吗？

2. 利用互联网工具制作出属于自己的二维码名片。

→ 任务评价

本任务的任务评价表如表 2-4 所示。

表 2-4 任务 2 的任务评价表

评估细则	分值（分）	得分（分）
与同学讨论任务实施中的第 1 题	10	
能够发现并区分生活中条形码的实际应用	10	
与同学讨论制作条形码的工具	10	
与同学分享在制作条形码过程中遇见的问题	20	
与同学分享解决问题的方案	20	
成功做出条形码并扫描出信息	30	

任务 3 认识 RFID 技术

任务描述

随着物联网的蓬勃发展，RFID 技术在医疗卫生、物流运输、生产制造、批发零售、公共交通、社会政务等多个领域具有越来越重要的地位，各种各样的 RFID 产品得到了广泛应用，带来了巨大的社会经济效益。尤其是如今 5G 时代的来临，让 RFID 技术的未来展现了无限的可能性。那么，什么是 RFID 技术？它与我们熟知的条形码技术又有何区别与联系？"读写器""射频卡"又是什么？怎样才算作非接触式的自动识别技术呢？RFID 技术的发展面临哪些问题？本任务将带领大家探究上述内容并完成主题汇报。

任务目标

知识目标

- ◇ 了解 RFID 技术的发展历史
- ◇ 掌握 RFID 技术的概念和系统组成
- ◇ 掌握 RFID 系统的分类
- ◇ 了解 RFID 技术的基本应用
- ◇ 理解 RFID 技术和条形码技术的区别与联系

能力目标

- ◇ 能发现生活中 RFID 技术的应用
- ◇ 能解释 RFID 技术的基本概念
- ◇ 能描述 RFID 技术的工作原理
- ◇ 了解 RFID 技术发展的技术壁垒

素质目标

- ◇ 培养主动观察的意识
- ◇ 培养独立思考的能力
- ◇ 培养积极沟通的习惯
- ◇ 培养团队合作精神
- ◇ 激发科技兴国的爱国热情
- ◇ 激发科技报国的爱国情怀

知识准备

引导案例——身边的 RFID 技术应用

RFID 技术通过射频信号自动识别目标对象，可快速地进行物品追踪和数据交换。在物联网时代，RFID 技术的应用无处不在，我们早已身在其中，如医疗医护——快速准确地识别药物和病人，提供更精确、快速的服务和工作流；仓储物流——用于仓库管理，可以识别单个货架，并通过阅读器远程读取，帮助零售商管理库存和周期性事件，实现快速轻松付款；交通和物流——用于可回收的运输物品的跟查，如托盘、集装箱和手提袋，最大限度地提高运营效率；电力行业——智能电表抄表和资产清查、露天电力设备巡检、铁塔电线杆巡检，提高生产效率和安全性；畜牧业——管理电子生禽标识并提供原产地证明。

2.3.1 RFID 技术的发展历史

1．RFID 技术的发展

在 20 世纪中叶，无线电技术的理论与应用研究是科学技术发展最重要的成就之一。RFID 技术的发展可按 10 年期划分如下。

1941—1950 年：雷达的改进和应用催生了 RFID 技术，1948 年奠定了 RFID 技术的理论基础。

1951—1960 年：早期 RFID 技术的探索阶段，主要为实验室研究。

1961—1970 年：RFID 技术的理论得到了发展，开始了一些应用尝试。

1971—1980 年：RFID 技术与产品研发处于一个大发展时期，各种 RFID 技术测试得到加速，出现了一些最早的 RFID 应用。

1981—1990 年：RFID 技术及产品进入商业应用阶段，各种规模应用开始出现。

1991—2000 年：RFID 技术标准化问题日益得到重视，RFID 产品得到广泛采用，并逐渐成为人们生活中的一部分。

2000 年后：人们普遍认识到标准化的重要意义，RFID 产品的种类进一步丰富，无论是有源、无源电子标签，还是半有源电子标签都开始发展起来，相关生产成本进一步下降，应用领域逐渐扩大。

2020 年，射频电路被广泛应用于无线通信，上至卫星通信，下至手机、Wi-Fi、共享单车，处处都有射频电路的身影。

RFID 的技术理论得到了进一步的丰富和发展，人们研发单芯片电子标签、多电子标签识读、无线可读可写，适应高速移动物体的 RFID 技术不断发展，相关产品也走入人们的生活，并开始广泛应用。

2．RFID 技术国内外发展状况

RFID 技术在国外的发展较早也较快，尤其是在美国、英国、德国、瑞典、瑞士、日本、南非，目前均有较为成熟且先进的 RFID 系统。其中，近距离 RFID 系统主要集中在低频 125kHz、高频 13.56MHz 系统；远距离 RFID 系统主要集中在 UHF 频段（902～928MHz）915MHz，以及微波 2.45GHz、5.8GHz 频段。UHF 频段的远距离 RFID 系统在北美得到了很好的发展；在欧洲则是有源 2.45GHz 的远距离 RFID 系统得到了较多的应用；有源 5.8GHz 的远距离 RFID 系统在日本和欧洲均有较为成熟的应用。

我国在 RFID 技术的研究方面也发展很快，市场培育已初步开花结果。比较典型的是在中国铁路车号自动识别系统建设中，推出了完全拥有自主知识产权的远距离自动识别

系统。

中国铁路车号自动识别系统研究正式起步阶段可追溯到国家/k2/~计划。原铁道部曾将货车自动抄车号项目列为八五重点攻关技术研究课题。在 20 世纪 90 年代中期，国内有多家研究机构参与了该项技术的研究，探索了多种实现方案，最终确定了 RFID 技术为解决货车自动抄车号问题的最佳方案。进而，在 RFID 技术实现方面又探索了有源标签方案、无源标签倍频方案等。最后选定了无源标签 RFID 方案，经过多年的现场运行考验，铁路车号自动识别系统工程于 1999 年全面投入建设。经过两年左右的建设与试运行，目前铁路车号自动识别系统工程已发挥出了系统设计功能，圆了铁路人的梦想，并且其辐射与渗透到其他应用方面的作用日渐明显。

在近距离 RFID 系统应用方面，许多城市已经实现了将公交射频卡作为预付费电子车票应用，预付费电子饭卡等。

在 RFID 技术研究及产品开发方面，国内已具有了自主开发低频、高频与微波 RFID 电子标签与读写器的技术能力及系统集成能力。与国外 RFID 先进技术之间的差距主要体现在 RFID 芯片技术方面。尽管如此，在标签芯片设计及开发方面，国内已有多个成功的低频 RFID 系统标签芯片面市。

从时间上来看，我国的 RFID 产业发展大致经过了四个阶段：2006 年之前的培育期——政策驱动；2006—2010 年的初创期——应用引导；2011—2015 年的成长期——市场开拓，2015 年以后的成熟期——大规模全方位推广。

目前，我国 RFID 产业已形成完善的上下游产业链，主要由四个板块构成：标签及封装、读写器具、系统集成及软件。其中标签及封装板块包括了标签芯片设计与制造、天线设计与制造及标签封装技术与设备三个小板块；读写器具板块则由读写模块设计与制造、读写器天线设计与制造及读写器设计与制造构成。

2.3.2 RFID 技术的概念

RFID（Radio Frequency IDentification）技术是一种非接触式自动识别技术，其原理是通过无线电信号识别特定目标并读写相关数据，而无须系统与特定目标之间进行机械或光学接触，这种技术适用于短距离识别通信。RFID 设备在日常应用中也被称作感应式电子晶片或近接卡、感应卡、非接触卡、电子标签、电子条形码等。RFID 设备示意图如图 2-24 所示。

图 2-24 RFID 设备示意图

2.3.3 RFID 系统的组成

RFID 系统的组成结构如图 2-25 所示，它由 RFID 阅读器、RFID 标签（简称为标签）、RFID 应用软件三部分构成。

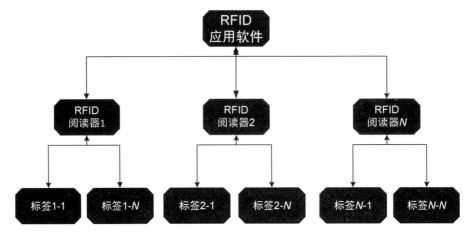

图 2-25 RFID 系统的组成结构

标签（RFID Tag）：又称为应答器，一般由标签天线及标签芯片组成。

RFID 阅读器（RFID Reader）：又称为读写器、询问器，典型的 RFID 阅读器包含 RFID 射频模块（发送器和接收器）、控制单元及阅读器天线。

应用软件（Application）：主要负责对 RFID 阅读器的控制、设置及对读取标签信息的管理应用。

当一个 RFID 系统中同时存在标签、RFID 阅读器和 RFID 应用软件时，才可以说这个 RFID 系统是一个完整的 RFID 系统，其才能完成最简单的 RFID 应用。

1. 标签

标签由标签天线（耦合元件）及标签芯片组成，每个标签都具有唯一的电子编码，附着在物体上标识目标对象，俗称电子标签或智能标签。典型的标签实物如图 2-26 所示。

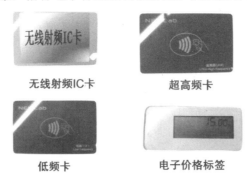

图 2-26 典型的标签实物

无源标签：无源标签不附带电池。在 RFID 阅读器的电磁波覆盖范围之外，标签处于无源状态，在 RFID 阅读器的电磁波覆盖范围之内，RFID 阅读器发出的激活能量使标签正常工作。采用电感耦合方式通信的标签多为无源标签。

半无源标签：半无源标签内装有电池，但电池仅起辅助作用，它对维持数据的电路供电或对标签芯片工作所需的电压作辅助支持。内部电池的作用主要在于弥补标签所处位置的射频场强不足，其能量并不转换为射频能量。

有源标签：有源标签的工作电源完全由内部电池供给，同时内部电池能量也部分转换为标签与 RFID 阅读器通信所需的射频能量。

2．RFID 阅读器

RFID 阅读器通过天线与电子标签进行无线通信，可以实现对标签识别码和内存数据的读取或写入操作，在实际应用中有两种形态：移动式阅读器、固定式阅读器。典型的 RFID 阅读器实物如图 2-27 所示。

低频阅读器　　桌面读卡器　　高频阅读器　　UHF射频阅读器

图 2-27　典型的 RFID 阅读器实物

虽然因频率范围、空中接口通信协议和数据传输方法的不同，各种 RFID 阅读器在一些方面会有很大的差异，但 RFID 阅读器通常都应具有如下功能。

① 以无线射频方式向标签传输能量，进行通信传输。

② 从标签中读取数据或向其写入数据，进行数据采集。

③ 完成对读取数据的信息处理并实现应用软件交互操作。

3．RFID 应用软件

（1）RFID 应用软件的作用。

RFID 应用软件是解决不同领域、不同实际问题的软件。对于独立的应用，RFID 阅读器可以完成应用的需求。例如，公交车上的 RFID 阅读器可以实现对公交票卡的验读和收费。但对于大型应用环境下的业务数据管理，就必须要用专业的 RFID 应用软件来进行处理维护，针对 RFID 的具体应用，需要利用 RFID 应用软件将多个 RFID 阅读器获取的数据有效地整合起来，提供查询、历史档案等相关管理和服务。更进一步地，通过对数据的加工、分析和挖掘，为正确决策提供依据，保障整个数据的准确性和安全性。RFID 应用软件的典型功能如图 2-28 所示。

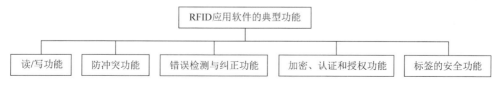

图 2-28　RFID 应用软件的典型功能

（2）RFID 中间件。

RFID 中间件将信息由一个程序传送到另一个程序或多个程序，负责应用系统与 RFID 系统之间的数据信息的传递。

（3）RFID 中间件的分类。

以应用程序为中心。此种方法设计由 RFID 硬件厂商提供 API，以增减的方式直接编写特定的 RFID 设备读取数据的适配器，并传送给后端系统的应用程序或数据库，达到与后端系统串接的目的。

以架构为中心。企业使用众多应用系统或应用系统复杂度过高，企业无法做到以增减的方式为每个应用程序编写适配器，同时可能会面临其他标准的问题。企业需要考虑与能提供标准的中间件厂商合作或采用符合硬件厂商所提供标准的 RFID 中间件。

2.3.4 RFID 技术的工作原理

RFID 技术的工作原理并不复杂：标签进入磁场后，接收 RFID 阅读器发出的射频信号，凭借感应电流所获得的能量发送存储在芯片中的产品信息（无源标签或被动标签），或者主动发送某一频率的信号（有源标签或主动标签），RFID 阅读器读取信息并解码后，送至中央信息系统进行有关的数据处理。

2.3.5 RFID 系统的分类

根据标签的供电形式（标签工作所需能量的供给方式）不同，可以将 RFID 系统分为有源、无源和半有源系统。

根据标签的数据调制方式（标签的数据调制方式即标签通过何种形式与 RFID 读/写模块之间进行数据交换）不同，可将 RFID 系统分为主动式、被动式和半主动式。

根据工作频率（RFID 系统的工作频率即 RFID 读/写模块发送无线信号时所用的频率）不同，一般可将 RFID 系统分为低频、高频、超高频和微波四个工作频段，如表 2-5 所示。

根据标签的可读性分类，标签内部使用的存储器类型不一样，RFID 系统可以分为可读写卡（RW），一次写入多次读出卡（WORM）和只读卡（RO）。只读卡标签内一般只有只读存储器（ROM）、随机存储器（RAM）和缓冲存储器，而可读写卡标签内一般还有非活动可编程记忆存储器。这种存储器除具有存储数据功能外，还具有在适当条件下允许多次写入数据的功能。

根据 RFID 系统中标签和 RFID 读写模块之间的通信工作时序分类，RFID 系统可分为 RFID 读/写模块主动唤醒标签（Reader Talk First，RIF）的方式和标签首先自报家门（Tag Talk First，TTF）的方式，通信工作时序指的是 RFID 读/写模块和标签的工作次序。

表 2-5 RFID 系统按频率分类

分类	频率	运行方式	耦合方式	环境影响	标签大小	识别距离	识别速度	主要应用
LF	125.124kHz	一般无源	电感耦合（近场）	迟钝 ↓ 敏感	大 ↓ 小	近 ↓ 远	慢 ↓ 快	家畜识别、自动化生产线、精密仪器等
HF	13.56MHz	一般无源						无线 IC 卡、自动化生产线
UHF	433.92MHz	一般有源	反向散射耦合（远场）					货物管理及特定场合
	860～960MHz	有源/无源						货物流通。电磁波绕射能力强，工作距离远，背景电磁噪声小，天线尺寸适中，标签易于实现，是货物流通领域最适合使用的频段
MV	2.45～5.8GHz	有源/无源						车辆识别、货物流通

2.3.6 RFID 的典型应用

1. 仓储物流供应链管理

采用 RFID 技术进行仓储物流供应链管理，如图 2-29 所示，首先每个货物上贴有标签，仓库各通道 RFID 阅读器通过识别标签的信息来判断货物入库、出库、调拨、移库移位、库存盘点等流程，通过 RFID 阅读器进行自动化的数据采集，保证仓库管理各个环节数据输入的速度和准确性，确保企业及时准确地掌握库存的真实数据，实现高效率的货物查找和实时的库存盘点，有利于提高仓库管理的工作效率，摆脱费时费力的传统仓库管理，合理保持和控制企业库存，使企业高效率地运转。

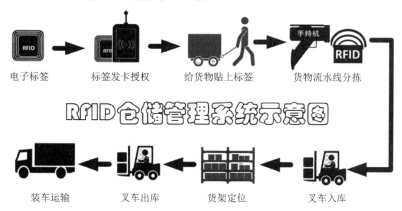

图 2-29 RFID 仓储管理系统示意图

（1）入库管理。

接到入库单后，首先按照一定的规则将产品进行入库，当标签进入 RFID 固定式阅读器的电磁波覆盖范围时会主动激活；其次标签与 RFID 固定式阅读器进行通信，相关数据即可采集到系统中，也可以直接用 RFID 手持终端近距离采集货品上的数据；然后把相关数据与订单进行比对，核对货物数量及型号是否正确，若有错漏，则进行人工处理；最后将货物运送到指定的位置，按照规则进行摆放。

（2）出库管理。

使用 RFID 手持终端进行标签的信息采集，检查是否与计划对应，根据提货的计划，对出库的货物进行分拣处理，当出现错误时，RFID 手持终端会发出提示，工作人员可现场进行处理，最后把数据发送到管理中心，更新数据库，完成出库。

（3）盘点管理。

按照仓库管理的要求，进行定期/不定期的盘点。传统的盘点耗时、费力且容易出错。而 RFID 把这些问题解决了，当有了盘点计划的时候，利用 RFID 手持终端进行货物盘点扫描，盘点货物的信息，将其通过无线网络传入后台数据库，并与数据库中的信息进行比对，生成差异信息实时地显示在 RFID 手持终端上，供盘点的工作人员核查。将盘点的信息与后台的数据库信息进行核对，盘点完成。

2. 智能图书馆

针对图书馆借书流程、图书快速定位、图书安全等问题，采用 RFID 技术进行设计，实现 24 小时自助图书馆、通借通还、一卡通馆、资源共享模式，如图 2-30 所示。

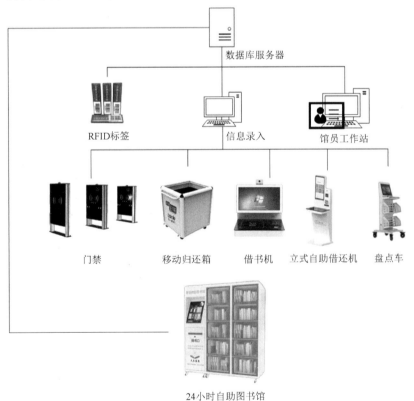

图 2-30　RFID 技术应用于智能图书馆

3. 高速公路电子不停车收费系统

高速公路电子不停车收费（ETC）系统是 RFID 技术最成功的应用之一。REID 技术应用在高速公路自动收费上能够充分体现该技术的优势。在车辆高速通过收费站的同时自动完成缴费，如图 2-31 所示，解决了交通的瓶颈问题，提高了车流速度，避免了拥堵，提高了收费效率，同时可以解决收费员贪污过路费的问题。

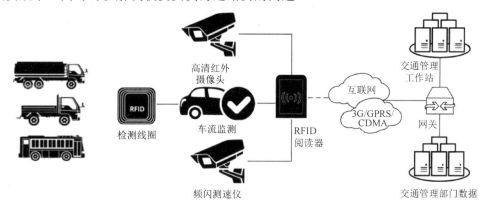

图 2-31　RFID 技术应用于 ETC 系统

4. 生产的自动化及过程控制

RFID 技术因其具有抗恶劣环境能力强、非接触识别等特点，在生产过程控制中有很多应用。在大型工厂的自动化流水作业线上使用 RFID 技术实现了物料跟踪和生产过程自动控制、监视，提高了生产效率，改进了生产方式，降低了成本，如图 2-32 所示。

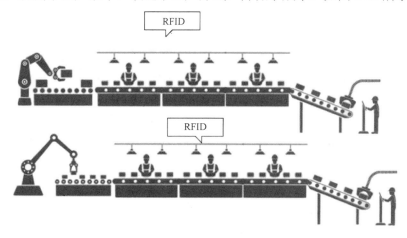

图 2-32　RFID 技术应用于生产线

5. 门禁系统

门禁系统都可以应用标签，一卡可以多用，如作为工作证、出入证、停车证、饭店住宿证，甚至旅游护照等。使用标签可以有效地识别人员身份，进行安全管理及高效收费，简化了出入手续，提高了工作效率，并且有效地进行了安全保护，如图 2-33 所示。人员出入时该系统会自动识别其身份，有人非法闯入时会报警。安全级别要求高的地方还可以结合其他的识别方式，如将指纹、掌纹或面部特征存入标签。

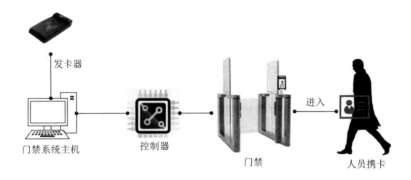

图 2-33　门禁系统示意图

6．动物识别与跟踪

动物识别与跟踪指将标签通过特殊设计制成小型耳标标签、脚环标签等其他标签形式，嵌入动物皮下组织或腔体，配合采集装置，实现对多种类禽畜数据的自动获取。

饲养环节：饲养时，在动物的身上安装上耳标标签，使用手持设备不断地设定、采集或存储动物成长过程中的信息，从源头上对生产安全进行控制，同时记录动物在各个时期的疫苗接种记录、疾病信息及养殖过程中的关键信息。在动物被屠宰前，通过手持设备读取标签，确认为无疾病动物后才能出栏。

屠宰环节：在屠宰前，读取动物身上的标签信息，只有确认动物有疫苗接种记录并且是健康的，才可以屠宰并进入市场，同时将该信息写入包装箱标签、货物托盘标签和价格标签。

监管部门监管环节：监管部门在进行市场监管的过程中，要求所有销售网点的货物托盘标签、包装箱标签和价格标签都内含标签，其中包括肉类的产地、品名、种类、等级、价格等相关数据。

外来动物的管理：如果是外省市运来的已经屠宰好的肉类产品要进入市场，那么先到指定的监管地点进行产品检验，检验合格后加贴包含相关产品信息及检验信息的 RFID 标签，同时监管部门发给市场销售产品的资质证书。动物识别与跟踪示意图如图 2-34 所示。

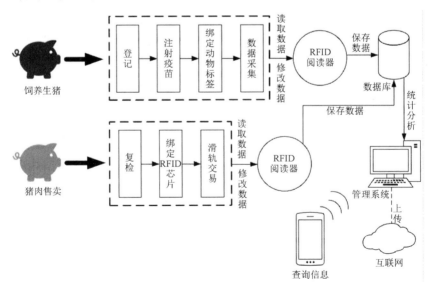

图 2-34　动物识别与跟踪示意图

RFID 技术的典型应用领域如表 2-6 所示。

表 2-6　RFID 技术的典型应用领域

应用领域	特点
医疗领域	RFID 技术在医疗领域一般应用于医院的患者管理、医护人员管理、家属及外来人员管理、医院物资和设备管理、新生儿识别防盗等方面。由于智慧医疗的不断发展，可以预测医疗领域将会是 RFID 技术应用的主要阵地
物流运输领域	如今在物流运输领域，RFID 技术的应用具有极大的潜力，国内外众多物流巨头都在积极推进 RFID 技术发展，使其广泛用于物流过程中的货物追踪、产品出入信息自动获取、仓储信息识别、港口运输管理、邮寄快递管理等
零售领域	在零售领域，RFID 技术可以对商品销售数据进行实时的统计，及时地进行货品的采购和更换，其保密性可以进一步加强商品的防伪防盗。利用 RFID 技术，零售商可以更好地管理自己的商品，减少库存积压的风险，也避免了缺货的现象，降低了相关的经营成本
制造领域	制造业越来越注重信息化的发展，企业可以运用 RFID 技术对企业的制造信息进行管理，对制造质量进行控制，对市面流通的产品进行跟踪和追溯。在工厂方面，可以对重要资产和仓储物品进行监测管理，使资产利用率最大化
公共安全领域	RFID 技术还可以用于公共场所的人员识别和安全管理，特别是针对大型的群体活动（展会、演唱会等）。现在许多国家的电子护照、我国的第二代身份证等电子证件，都通过 RFID 技术加强对个人身份信息的识别，以加强安全管理

2.3.7　RFID 与条形码的区别

1. 安全性不同

RFID 跟条形码最大的区别在于 RFID 是具有芯片的，而且带芯片的标签能制作成各种形状和不同大小，弯曲性强，能附着于不同的载体。通过 RFID 芯片，我们可以实现信息的写入和内存信息的更新，还可以对信息进行加密，安全性高。

而条形码内存根本无法二次写入和更改，一旦被划破、污染或脱落，扫描器就无法辨认上面的信息，安全性相对较低。

2. 工作效率不同

RFID 在信息识别方面也具有更多的优势，因为 RFID 的信息是通过无线电波传输的，具有穿透性，所以其阅读器无须可见的光源，可透过外部直接读取信息，能同时处理多个 RFID 芯片上的信息，工作效率极高。

而条形码的信息必须通过扫描器对每条信息进行逐一扫描识别，不仅麻烦还容易出错，受环境条件影响大，效率相对较低。

3. 耐用性和环境适应性不同

标签的尺寸、形状多样：标签在数据读取上并不受尺寸大小与形状限制，不需要为了读取精度而配合纸张的固定尺寸和印刷品质。

标签的耐环境性强：纸张容易被污染而影响识别，但标签有极强的抗污性。另外，即使在黑暗的环境中，标签也能够被读取。

标签可重复使用：标签具有读/写功能，电子数据可被反复覆盖，因此可以被回收而重复使用。

标签的穿透性强：标签在被纸张、木材和塑料等非金属或非透明材质包裹的情况下也可以进行穿透性通信。

4．应用不同

RFID 的应用非常广泛，目前典型的应用有动物晶片、汽车晶片防盗器、门禁系统、停车场管制、生产线自动化、物料管理。

条形码可以标出物品的生产国，制造厂家，商品名称，生产日期，图书分类号，邮件起止地点、类别、日期等许多信息，因而在商品流通、图书管理、邮政管理、银行系统等许多领域都得到了广泛的应用。

从长远来看，RFID 凭借自身的众多优点，将在更多的行业领域得到更加广泛的应用。

➡ 任务实施

以"RFID"为主题，命题自拟，关注 RFID 技术给生产生活各方面带来的变化，如在医疗卫生、物流运输、生产制造、批发零售、公共交通、社会政务等多个领域，选取一个场景进行讨论。

讨论稿需要包含以下关键点。

① RFID 典型应用场景及功能，采用图片匹配文字的形式展现。

② 开动脑筋发挥想象，说出你能想到的未来可以拓展的功能。

③ 对目前 RFID 技术存在的弊端进行优化畅想。

格式要求：采用 PPT 的形式进行展示。

考核方式：每人自选一命题，采取课内发言的方式，时间为 3～5 分钟。

➡ 任务评价

本任务的任务评价表如表 2-7 所示。

表 2-7　任务 3 的任务评价表

评估细则	分值（分）	得分（分）
RFID 技术的概念解释正确，内容完整	30	
RFID 技术的应用案例典型、恰当	20	
叙述条理性强、表达准确	20	
语言浅显易懂	15	
对方能理解、接受你的叙述，并举出另外的应用案例进行说明	15	

任务 4　认识传感器技术

➡ 任务描述

在物联网时代，首先要解决的就是如何获取准确可靠的信息。传感器是获取自然和生产领域中信息的主要途径与手段，传感器早已渗透到诸如工业生产、环境保护、医学诊断、生物工程、资源调查、文物保护、海洋探测，甚至太空探索等极其广泛的领域。可以毫不夸张地说，从茫茫的太空到浩瀚的海洋，再到各种复杂的工程系统，几乎每一个现代化项目都离不开各种各样的传感器。传感器作为获取信息的重要手段，与通信技术和计算机技术共同构成信息技术的三大支柱。那么，传感器的组成是什么？分类有哪些？有何典型应用？本任务将带领大家探究上述内容。

任务目标

知识目标

◇ 掌握传感器的定义和作用
◇ 掌握传感器的组成
◇ 掌握传感器的分类
◇ 掌握传感器的特性
◇ 了解传感器的典型行业应用

能力目标

◇ 能够辨别不同种类的传感器
◇ 能够根据应用场景选用合适的传感器

素质目标

◇ 增强"四个自信"价值认同，激发爱国热情和民族自豪感
◇ 培养学生好学上进、积极学习的品质
◇ 培养创新意识、创新精神
◇ 培养工匠精神
◇ 激发科技报国的爱国情怀

知识准备

引导案例——身边的传感器

在实际生活中，传感器无处不在。在工业生产中，传感器被广泛应用于对位移、振动、速度、加速度、高温、液体等进行检测和测量，工业电机控制、位置和速度检测、电动工具、阀门等多种应用中都可以发现它的身影；在日常生活中，传感器被广泛应用于智能穿戴设备、家用电子产品、家用机器人、汽车等设备，如我们常用的手机中就有图像传感器、光线感应传感器、重力加速度传感器、电子罗盘传感器、指纹识别传感器、心率感应传感器等。汽车更是一个传感器俱乐部：温度、空气流量、压力、转速、位移、水位、曲轴、防抱死制动系统（ABS）、爆震、里程表等，一辆普通家用轿车上大约安装了近百个传感器，而豪华轿车上传感器的数量多达 200 个。

2.4.1 传感器的定义及组成

1. 传感器的定义

传感器（Transducer/Sensor）是把非电学量（位移、速度、压力、温度、湿度、流量、声强、光照度等）转换成易于测量、传输、处理的电学量（电压、电流等）的一种器件。我国国家标准《传感器通用术语》（GB/T 7665—2005）中对传感器的定义是"能感受被测量并按照一定的规律转换成可用输出信号的器件或装置，通常由敏感元件和转换元件组成。"具体含义如下。

① 传感器是检测器件或者测量装置，能完成检测任务。

② 输入量可能是物理量，也可能是化学量、生物量等。

③ 输出量是便于传输、转换、处理、显示的物理量，主要是电信号。

由于传感器所检测的信号种类多，有电信号和非电信号，为了便于处理、传输、存储、显示等，一般将非电信号转换成电信号。因此，传感器也可以被理解为将物理信号转换成电信号的器件或者装置。传感器有时又称为探测器、检测器、变换器等。几种传感器实物如图 2-35 所示。

图 2-35　几种传感器实物

2. 传感器的作用

传感器实际上是一种功能模块，其作用是将来自外界的各种信号转换成电信号，实现非电学量到电学量的转换。

传感器是人类五官的延伸，又被称为电五官。传感器的功能常与人类 5 大感觉器官类比：光敏传感器——视觉；声敏传感器——听觉；气敏传感器——嗅觉；化学传感器——味觉；压敏、温敏、流体传感器——触觉。

3. 传感器的组成

传感器一般由敏感元件、转换元件、测量电路三部分组成，有时还需外加辅助电源提供转换能量，如图 2-36 所示。

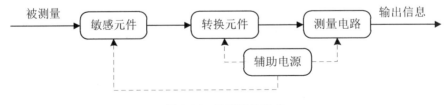

图 2-36　传感器的组成

敏感元件：指传感器中能直接感受或响应被测量的部分，并输出与被测量成确定关系的某一物理量（位移、形变等）的元件。敏感元件是传感器的核心元件。

转换元件：敏感元件的输出就是它的输入，它把输入转换成电信号（电容、电感、电阻、电压等），如把由敏感元件输入的位移量转换成电感的变化。

测量电路：把转换元件输出的电信号进行进一步的转换和处理，如放大、滤波、线性化、补偿等，以获得便于处理、显示、记录、控制和传输的可用电信号。

辅助电源：辅助电源是可选项，主要负责为敏感元件、转换元件和测量电路供电。

实际应用中的传感器有简有繁。最简单的传感器由一个敏感元件组成，它将感受到的被测量直接输出，如热电偶、光电器件等。有的传感器仅有敏感元件与转换元件，在结构上它们常组装在一起。带有测量电路的传感器，其测量电路可以与敏感元件、转换元件组装在一起，也可根据需要将其装在电路箱中，不管它置于何处，只要它起转换输出信号的作用，就仍为传感器的组成部分。有些传感器的转换元件不止一个，要经过若干次转换，较为复杂，它们大多数是开环系统，也有些是带反馈的闭环系统。

2.4.2　传感器的分类

传感器的种类很多，按照不同的方法有不同的分类。常见的传感器分类如表2-8所示。

表2-8　常见的传感器分类

方法	特性	举例
用途	按照被测的物理量，即传感器的用途分类	力敏传感器、位置传感器、液位传感器、能耗传感器、速度传感器、加速度传感器、湿度传感器等
工作原理	按照传感器的工作原理分类：基于物理、化学、生物等各种效应和定律，这种分类方法便于从原理上认识输入与输出之间的变换关系	电阻式传感器、电容式传感器、电感式传感器、光纤传感器、光敏电阻、生物传感器、气敏传感器等
输出信号	模拟量：将被测量的非电学量转换成模拟输出信号	温度传感器、压力传感器、声音传感器、位移传感器、加速度传感器等
输出信号	数字量：将被测量的非电学量转换成数字输出信号	震动传感器、按钮传感器、碰撞传感器、触摸传感器等
电源形式	有源型传感器，也叫作能量转换型传感器：需要外接电源才能正常工作	磁电式传感器、压电式传感器、光电式传感器、热电式传感器等
电源形式	无源型传感器，也叫作能量控制型传感器：工作时不需要外接电源，将非电学量转化为电学量	电阻式传感器、电容式传感器等
制造工艺	集成传感器：采用硅半导体集成工艺制成的传感器。其体积小、质量轻、精度高、可靠性高、寿命长、功耗低、成本低，是一代新型传感器	集成光敏传感器、集成温度传感器、集成压敏传感器等
制造工艺	薄膜传感器：利用沉积在介质衬底（基板）上的相应敏感材料的薄膜制成。使用混合工艺时，同样可将部分电路制造在此基板上	薄膜压力传感器、薄膜温度传感器等
制造工艺	厚膜传感器：将相应材料的浆料涂覆在陶瓷基片上制成	厚膜压力传感器、厚膜温度传感器等
制造工艺	陶瓷传感器：采用标准的陶瓷工艺或其某种变种工艺（溶胶、凝胶等）生产	陶瓷速度传感器、陶瓷气敏传感器等

续表

方法	特性	举例
测量目的	物理型：利用被测量的某些物理性质发生明显变化的特性制成	热电阻传感器等
	化学型：利用能把化学物质的成分、浓度等化学量转化成电学量的敏感元件制成	电化学传感器等
	生物型：利用各种生物或生物物质的特性制成，用以检测与识别生物体内化学成分	微生物传感器、细胞传感器、组织传感器、酶传感器、免疫传感器等
作用形式	主动型：传感器本身吸收了能量（光能和热能），经它本身变换后再输出电能	利用压电效应、磁致伸缩效应、热电效应、光电效应等制成的传感器都属于主动型传感器
	被动型：需要外加输入电源（一般为+5V），它才能输出电信号	采用电阻、电感、电容，利用应变效应、磁阻效应、热阻效应制成的传感器都属于被动型传感器

随着电子信息技术的飞速发展，传感器的种类也越来越多。同时，物联网、人工智能、智能制造、大数据等技术的推广使得传感器在工作生活中的应用范围也越来越广。

2.4.3　传感器的主要特性

传感器的特性是对输入量与输出量对应关系的描述。若我们把传感器看作输入量 x 和输出量 y 的变换器，则 y 是 x 的函数。

静态特性：输入量不随时间而变化的特性称为静态特性。

动态特性：输入量随时间而变化的特性称为动态特性。

信号随时间变化很缓慢的过程称为拟静态过程，这种信号变化的规律可用静态特性来代替。

1. 传感器的静态特性

传感器的静态特性是指对于静态的输入量而言，传感器的输出量与输入量之间所具有的相互关系。因为这时输入量和输出量都和时间无关，所以它们之间的关系，即传感器的静态特性可用一个不含时间变量的代数方程或以输入量为横坐标，以其对应的输出量为纵坐标画出的特性曲线来描述。传感器静态特性的主要指标有量程、线性度、灵敏度、迟滞、分辨率、漂移、重复性、稳定性、阈值、精确度等。

量程：传感器所能测量到的最小输入量与最大输入量之间的范围。

线性度：指传感器输出量与输入量之间的实际特性曲线偏离拟合直线的程度，其定义为在全量程范围内实际特性曲线与拟合直线之间的最大偏差值与满量程输出值之比。

灵敏度：灵敏度是传感器静态特性的一个重要指标。其定义为输出量的增量与引起该增量的相应输入量增量之比。传感器输出特性曲线的斜率就是其灵敏度。

迟滞：传感器在输入量由小到大（正行程）及输入量由大到小（反行程）变化期间，其输入、输出特性曲线不重合的现象称为迟滞。对于同一大小的输入量，若传感器的正、反行程输出量大小不相等，则将这个差值称为迟滞差值。

分辨率：当传感器的输入量从非零值缓慢增加时，在超过某一增量后输出量发生可观测的变化，这个输入增量称为传感器的分辨率，即最小输入增量。

漂移：传感器的漂移是指在输入量不变的情况下，传感器输出量随时间发生变化，此现象称为漂移。影响漂移的因素有两个：一是传感器自身的结构参数；二是周围环境（温度、湿度等）。

重复性：重复性是指传感器在输入量按同一方向进行全量程连续多次变化时，所得特性曲线不一致的程度。

稳定性：稳定性是指传感器在长时间工作的情况下输出量发生的变化，有时称为长时间工作稳定性或零点漂移。

阈值：当传感器的输入量从零值开始缓慢增加时，在达到某一值后输出量发生可观测的变化，这个输入值称为传感器的阈值。

精确度：精确度是精密度和准确度两者的总和，精确度高表示精密度和准确度都比较高。准确度、精密度与精确度的关系如图 2-37 所示。

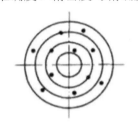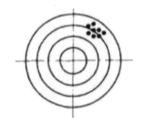

（a）准确度高而精密度低　　　　　（b）准确度低而精密度高　　　　　（c）精确度高

图 2-37　准确度、精密度与精确度的关系

2．传感器的动态特性

动态特性指传感器对随时间变化的输入量的响应特性，是传感器的主要特性之一。

在实际工作中，传感器的动态特性常用它对某些标准输入量的响应来表示。这是因为传感器对标准输入量的响应容易用实验方法求得，并且它对标准输入量的响应与它对任意输入量的响应之间存在一定的关系，往往知道了前者就能推定后者。

为了便于分析和处理传感器的动态特性，必须建立数学模型，用数学中的逻辑推理和运算方法来研究传感器的动态特性。使用最广泛的数学模型是线性常系数微分方程，最常用的标准输入量有阶跃信号和正弦信号两种，所以传感器的动态特性也常用阶跃响应和频率响应来表示。

2.4.4　常用传感器的工作特点及应用

在实际生活中，传感器无处不在。例如，手机中包含的传感器：图像传感器、光线感应传感器、重力加速度传感器、电子罗盘传感器、指纹识别传感器、心率感应传感器等；机器人中包含的传感器：物体识别传感器、物体探伤传感器、接近传感器、距离传感器、力觉传感器、听觉传感器等。常见的传感器包括温度传感器、压力传感器、湿度传感器、光电传感器、霍尔式传感器等。下面分别介绍常用传感器的工作特点及应用。

1．气敏传感器

气敏传感器是用来检测气体浓度和成分的传感器，它在环境保护和安全监督方面起着极重要的作用。气敏传感器可以将获取的气体信息转换为电信号，根据这些电信号的强弱就可以获得与被检测气体在环境中的存在情况有关的信息。气敏传感器的电阻值随被检测气体的浓度和成分而变化，气敏传感器的灵敏度很高，即使空气中被检测气体的含量不到千分之一，气敏传感器的电阻值也会产生很大变化。利用不同的半导体材料对不同气体敏感的特性，可以制造出检测不同气体的气敏传感器。

在工业生产和家庭生活环境中，气敏传感器被广泛应用于对易燃、易爆、有毒、有害气体进行测量与检测。目前，气敏传感器的主要应用领域有气体探测器、烟雾报警器、虚拟嗅探犬、酒精浓度测试仪等。为了保障道路行车安全，交通警察使用酒精浓度测试仪检测可疑驾驶员是否酒后驾驶，酒精浓度测试仪中就使用了对酒精敏感的气敏传感器。图2-38所示为气敏传感器的应用。

图 2-38　气敏传感器的应用

2．力敏传感器

力敏传感器是用来检测气体、液体、固体等物质间相互作用力的传感器，在生产中，力敏传感器被广泛应用于对压力、液位、流量、加速度等的测量。力敏传感器的常用材料有半导体、金属及合成材料。

力敏传感器是将应力、压力等力学量转换成电信号的转换器件。力敏传感器有电阻式、电容式、电感式、压电式和电流式等多种形式，它们各有优缺点。电阻应变式称重传感器的结构较简单，准确度高，适用范围广，并且能够在相对比较差的环境中使用，因此电阻应变式称重传感器在衡器中得到了广泛的应用。当电阻应变片受到力的作用时，它的电阻值就会发生变化。

电子秤使用了力敏传感器，将货物的质量变化转换为电阻的变化、电压的变化，再经过电压放大器、模数转换器把模拟量转换为数字量，最后将其送到液晶显示器，显示出被称货物的质量，达到快速、准确称重的目的。利用力敏传感器制作的电子秤如图2-39所示。

力敏传感器可应用于多个领域，如衡器制造、冶金、石油化工、食品生产、机械制造、造纸、钢铁、交通、采矿、水泥、纺织等行业。现在的物联网称重，如智能垃圾箱称重、无人售货机、仓储货架、无人超市、自动化罐装、智能称重购物车、食堂称重系统、车载称重系统、医疗床称重等领域，也广泛应用了力敏传感器。

图 2-39　利用力敏传感器制作的电子秤

3. 光敏传感器

在工业生产中，光敏传感器被广泛应用于对温度、压力、位移、速度、加速度等物理量的测量，以及生产线上的产品计数等；在日常生活中，光敏传感器被广泛应用于自动控制、防盗报警、家用电器等。

光敏传感器是利用光敏元件将光信号转换为电信号的传感器。光敏传感器是最常用的传感器之一，它的种类繁多，主要有光电管、光敏电阻、光敏三极管、红外线传感器、紫外线传感器、光纤式光电传感器、色彩传感器、图像传感器等。

光敏传感器的主要应用：人体感应灯、人体感应开关、路灯自动控制、监控器、照相机、光控玩具等电子产品光自动控制领域。利用光敏传感器对生产线上的产品进行计数的过程：在传送带的两侧分别装有光源和光敏传感器，当被测产品位于光源和光敏传感器之间时，光敏传感器无光照；当被测产品不在光源和光敏传感器之间时，光敏传感器有光照，这样，通过它输出电信号的变化便可以实现计数。图 2-40 所示为利用光敏传感器对啤酒瓶进行计数的示意图。

图 2-40　利用光敏传感器对啤酒瓶进行计数的示意图

4. 激光传感器

激光传感器是利用激光技术进行测量的传感器，它由激光器、激光检测器和测量电路组成，是新型测量仪表。它的优点是能实现无接触远距离测量，速度快，精度高，量程大，抗光、电干扰能力强等。

激光传感器在工作时，先由激光发射二极管对准目标发射激光脉冲，经目标反射后，激光向各方向散射，部分散射光返回到激光传感器接收器，被光学系统接收后成像到雪崩光电二极管上，雪崩光电二极管是一种内部具有放大功能的光学传感器，因此它能检测极其微弱的光信号，并将其转换为相应的电信号。激光传感器的应用如图 2-41 所示。

激光传感器的一个常见应用就是激光测距仪，利用激光的高方向性、高单色性和高亮度等特点可实现无接触远距离测量。激光传感器常用于对长度、振动、速度、方位等物理量的测量，还可用于检测物体有无、到位、定位、计数、凹凸、正反等。激光测距技术与一般光学测距技术相比，具有操作方便、系统简单及无光照条件限制的优点；与雷达相比，激光测距技术具有良好的抗干扰性和较高的精度，而且激光具有良好的抵抗电磁波干扰的能力，尤其是当探测距离较长时，激光测距技术的优越性更加明显。

5. 生物传感器

生物传感器是发展生物技术必不可少的一种先进的检测方法与监控方法，也是物质分子水平的快速微量分析方法。各种生物传感器有以下共同结构：一种或数种相关生物活性材料（生物膜）及能将生物活性材料表达的信号转换为电信号的物理或化学换能器（传感器），二者组合在一起，用现代微电子技术和自动化仪表进行生物信号的再加工，构成各种可以使用的生物传感器分析装置、仪器和系统。生物传感器如图 2-42 所示。

图 2-41　激光传感器的应用

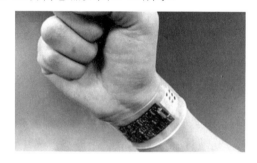

图 2-42　生物传感器

生物传感器的分类如下。

按照其感受器中所采用的生命物质不同，生物传感器可分为微生物传感器、免疫传感器、组织传感器、细胞传感器、酶传感器、DNA 传感器等。

按照传感器器件检测的原理不同，生物传感器可分为热敏生物传感器、场效应管生物传感器、压电生物传感器、光学生物传感器、声波道生物传感器、酶电极生物传感器、介体生物传感器等。

6. 超声波传感器

超声波传感器是将超声波信号转换成其他能量信号（通常是电信号）的传感器。超声波是振动频率高于 20kHz 的机械波。它具有频率高、波长短、绕射小、方向性好，以及能够成为射线而定向传播等特点。超声波对液体、固体的穿透本领很强，尤其是在不透明的固体中。

超声波传感器的应用有两种基本类型，如图 2-43 所示。当超声波发生器与超声波接收器分别被置于被测物体两侧时，这种类型称为透射型，如图 2-43（a）所示。透射型超声波传感器的典型应用有遥控器、防盗报警器、接近开关等。

当超声波发生器与超声波接收器被置于被测物体同侧时，这种类型称为反射型，如图 2-43（b）所示。反射型超声波传感器的典型应用有距离测量器、液位或料位测量器、金属探伤器及厚度测量器等。

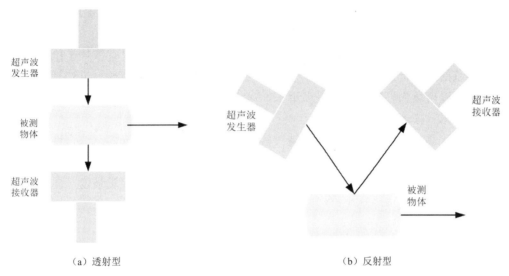

（a）透射型　　　　　　　　　　　　　　　　　　（b）反射型

图 2-43　超声波传感器的应用类型

2.4.5　传感器的发展历程及产业特点

1．传感器的发展历程

当今信息时代，随着电子计算机技术的飞速发展，自动检测、自动控制技术显现出非凡的能力，传感器是实现自动检测和自动控制的首要环节，是物联网、大数据、人工智能等技术的基础和数据来源。没有传感器对原始信息进行精确可靠的捕获和转换，就没有现代化的自动检测和自动控制系统；没有传感器就没有现代科学技术的迅速发展。

自 1980 年以来，全球传感器的产值年增长率达 15%～30%，1985 年全球传感器市场的年产值为 50 亿美元，1990 年为 155 亿美元，2010 年突破 825 亿美元，产品达 2 万多种。预计到 2025 年，全球传感器的市场规模将达到万亿美元级。传感器的发展和应用势如破竹，不可阻挡，它是衡量一个国家经济发展及现代化程度的重要标志。传感器大致可分为三代。

第一代是结构型传感器，它利用结构参量的变化来感受和转换信号。

第二代是 20 世纪 70 年代发展起来的固体型传感器，这种传感器由半导体、电介质、磁性材料等固体元件构成，是利用材料的某些特性制成的，如利用热电效应、霍尔效应、光敏效应分别制成热电偶传感器、霍尔式传感器、光敏传感器。

第三代传感器是逐渐发展起来的智能型传感器，它是微型计算机技术与检测技术相结合的产物，使传感器具有一定的人工智能。

我国传感器产业正处于由传统型向新型发展的关键阶段，新型传感器呈现出向微型化、多功能化、数字化、智能化、系统化和网络化发展的趋势。

2．传感器的产业特点

传感器的产业特点可以归纳为基础、应用两头依附；技术、投资两个密集；产品、产业两大分散。

（1）基础、应用两头依附。

基础依附是指传感器技术的发展依附于敏感机理、敏感材料、工艺设备和计量测试技术这四块基石。敏感机理千差万别，敏感材料多种多样，工艺设备各不相同，计量测试技术大相径庭，没有上述四块基石的支撑，传感器技术难以为继。

应用依附是指传感器技术基本上属于应用技术，其市场开发只有依赖于检测装置和自动控制系统的应用，才能真正体现出它的高附加效益并形成现实市场。也就是说，发展传感器技术要以市场为导向，实行需求牵引。

（2）技术、投资两个密集。

技术密集是指传感器在研制和制造过程中技术的多样性、边缘性、综合性和技艺性。传感器是多种高技术的集合产物，由于技术密集，因此也要求人才密集。

投资密集是指研究开发和生产某一种传感器产品要求一定的投资强度，尤其是在进行工程化研究及建立规模经济生产线时，更要求较大的投资。

（3）产品、产业两大分散。

产品和产业的两大分散是指传感器产品门类、品种繁多（共 10 大类，42 小类，近 6000 个品种），其应用渗透到各个产业部门，它的发展既有各产业发展的推动力，又强烈地依赖于各产业的支撑作用。只有按照市场需求，不断调整产业结构和产品结构，才能实现传感器产业的全面、协调、持续发展。

总之，传感器不仅促进了传统产业的改造和更新换代，还可建立新型工业，已成为 21 世纪新的经济增长点。随着科学技术的发展，传感器几乎渗透到了所有的技术领域，如工业生产、宇宙开发、海洋探索、环境保护、资源利用、医学诊断、生物工程、文物保护等，并逐渐深入到人们的生活中。

任务实施

查阅生活中传感器的典型应用有哪些，各有什么特点及其工作原理。

任务评价

1. 写出传感器的分类。
2. 对不同的传感器进行详细介绍：主要特点和应用领域。
3. 注明来源：网址或书籍（页码）等。
4. 提交 word 文档。

任务 5 认识无线传感器网络技术

任务描述

无线传感器网络（Wireless Sensor Network，WSN）又称为无线传感网，是由具有感知、处理和无线通信能力的微型节点通过自组织方式形成的网络，是一种全新的信息获取平台，能够实时监测和采集网络分布区域内的各种检测对象的信息，并将这些信息发送到网关节点，以实现复杂的指定范围内的目标检测与跟踪，具有快速展开、抗毁性强等特点，有着广阔的应用前景。本任务将带领大家认识无线传感器网络的结构、组成、应用、发展情况。

🡒 任务目标

知识目标

◇ 掌握无线传感器网络的定义
◇ 掌握无线传感器网络的结构
◇ 掌握无线传感器网络的组成
◇ 熟悉无线传感器网络的应用

能力目标

◇ 能够理解无线传感器网络的特点
◇ 能够根据应用场景选用合适的无线传感器网络
◇ 熟悉无线传感器网络的典型应用领域

素质目标

◇ 引导学生积极思考，激发学习动力，培养学习兴趣
◇ 培养学生好学上进的品质
◇ 培养创新意识、创新精神
◇ 培养学生的基本职业素养
◇ 培养积极沟通的习惯
◇ 培养团队合作精神
◇ 激发科技兴国的爱国热情

🡒 知识准备

引导案例——高温下的森林防火：构建无线传感器网络

2022 年夏天，全国各地高温天气不断，尤其是重庆市，经历了有气象纪录以来罕见的连晴高温天气。在连晴高温天气下，森林内枯枝败叶极易自燃，引发火灾。如何筑牢森林防火安全屏障？除颁布相关的政策规定和组织人员巡逻外，有没有一种技术能进行森林火灾预警和火灾现场定位，以便有效预防火灾发生，或在其发生后尽早得知其位置？在本任务中，我们就要来认识能有效进行森林火灾防控的无线传感器网络技术，以及其典型应用领域。

2.5.1　无线传感器网络的发展历史

无线传感器网络的基本思想起源于 20 世纪 70 年代，最初主要应用于军事国防项目，

1978 年，美国国防部高级研究计划局成立了新一代分布式传感器网络工作组，拉开了无线传感器网络研究的序幕。随着半导体技术、微系统技术、通信技术、计算机技术的飞速发展，20 世纪 90 年代末在美国兴起了现代意义上的无线传感器网络技术。其后，该技术相继被一些重要机构预测为将改变世界的重要新技术，相关研究工作在世界各主要发达国家轰轰烈烈地开展起来。无线传感器网络从最初的概念雏形发展到如今较为成熟的软硬件体系，大致可分为 4 个阶段，如表 2-9 所示。

表 2-9 无线传感器网络的发展阶段

无线传感器网络发展阶段	时间	主要特点
第一阶段	20 世纪 70 年代	点对点连接传感控制器，传感器有简单信息获取能力
第二阶段	20 世纪 80 年代	传感器具有获取多种信息的能力
第三阶段	20 世纪 90 年代后期	智能传感器采用现场总线连接传感控制器，构成局域网络
第四阶段	21 世纪初至今	传感器具有多功能、多信息获取能力

第一阶段：20 世纪 70 年代，作为当时的新兴技术，利用传感控制器将多个传感器连接起来，构成传感器网络的雏形，传感器网络使用的是具有简单信息获取能力的初级传感器，采用的传输方式是点对点连接传感控制器，从而构成传感器网络。

第二阶段：20 世纪 80 年代，传感器具有获取多种信息的能力，与传感控制器的接口也有了更新，采用串/并接口（RS-232、RS-485 接口等）与传感控制器相连，构成的传感器网络具有对多种信息进行综合和处理的能力。

第三阶段：20 世纪 90 年代后期，这一时期的传感器是能够智能获取多种信息、信号的智能化传感器，连接传感控制器的方式为现场总线连接，根据应用需求构成多个局域网络，可以称之为智能化传感器网络。

第四阶段：21 世纪初至今，采用大量具有多功能、多信息获取能力的传感器，以自组织方式无线接入网络，与传感控制器连接，它是集成了微传感器技术、嵌入式系统、无线通信、分布计算、人工智能等的新型网络。

我国对无线传感器网络的发展非常重视。从 2002 年开始，国家自然科学基金委员会、中国下一代互联网（CNGD）示范工程、863 计划等已经陆续资助了多项与无线传感器网络相关的课题。另外，国内许多科研院所和重点高校近年来也都积极展开了该领域的研究工作。2004 年，国家自然科学基金委员会将无线传感器网络列为重点研究项目。2005 年，我国开始了传感器网络的标准化研究工作。2006 年，《国家中长期科学和技术发展规划纲要（2006—2020 年）》中加入了"传感器网络及智能信息处理"的内容。我国对无线传感器网络的研究工作虽然起步较晚，但在国家的高度重视和扶持下，已经取得了令人瞩目的成就。

2.5.2 无线传感器网络的定义及结构

1. 无线传感器网络的定义

随着传感器技术、微机电系统、无线通信和现代网络技术的飞速发展，无线传感器网络应运而生。无线传感器网络是物联网的重要组成部分，是物联网用来感知和识别周围环境信息的系统。它集成了传感器技术、嵌入式系统、计算机网络和无线通信技术等，具有数据的采集、处理和传输三种功能。

无线传感器网络是由大量静止或移动的传感器以自组织和多跳的方式构成的无线网络，能协同感知、收集和测控各种环境下的感知对象，通过对感知信息的协作式数据处理，获得感知对象的准确信息，然后通过无线方式传送给需要这些信息的用户。协同感知、采集、处理、发布感知信息是无线传感器网络的基本功能。

无线传感器网络具有多个不同类型的传感器，监控不同场景下不同设备的状况（温度、湿度、光照度、声音、振动、运动状况等）。无线传感器网络的发展起源于战场监测等军事应用，而现今无线传感器网络被应用于很多民用领域，如智能家居、智慧城市、智慧医疗、智能交通、智慧农业等各行各业。无线传感器网络具有非常广阔的应用前景，其发展和应用将会给人们生活和生产的各个领域带来深远影响。

2. 无线传感器网络的组成

无线传感器网络包含传感器、感知对象和观察者三个基本要素。一般情况下，无线传感器网络由无线传感器节点、汇聚节点、互联网和远程用户管理节点组成。

无线传感器网络中的节点数量多、体积小、成本低、分布密集，具有无线通信和数据处理能力。它们以无线通信的方式自适应地组成一个无线网络。各个无线传感器节点将自己探测到的有用信息以多跳的方式向指挥中心（主机）报告。无线传感器节点配备有满足不同应用需求的传感器，如温度传感器、湿度传感器、光照度传感器、红外线感应器、位移传感器、压力传感器等。典型无线传感器网络的结构如图 2-44 所示。

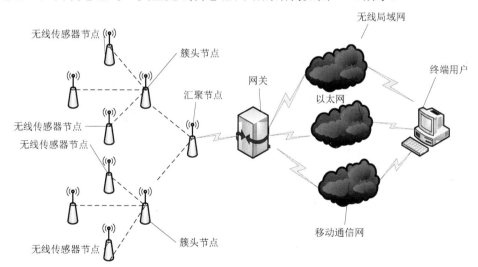

图 2-44　典型无线传感器网络的结构

3. 节点单元硬件总体结构

相比于传统传感器节点，无线传感器节点不仅包括传感器部件，还集成了微型控制器和无线通信芯片等，能够完成信息采集、数据处理及数据回传等，即对感知信息的分析处理和网络传输。无线传感器节点一般由传感器模块、处理器模块、无线通信模块和能量供应模块组成，如图 2-45 所示，有的还包括定位装置、运动系统、监控系统和移动装置等。

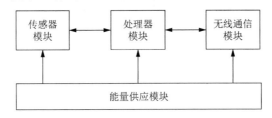

图 2-45　无线传感器节点的硬件组成

传感器模块：是无线传感器网络中负责采集被监测环境或对象相关信息的单元，与具体的应用需求紧密关联，不同的应用所涉及的监测信息也不相同。常用的传感器模块有温度传感器、湿度传感器、振动传感器、磁场传感器、光照度传感器、气压传感器等。

处理器模块：是无线传感器节点的核心单元，主要完成三部分的工作：第一是接收来自传感器模块的监测数据，对数据进行处理和计算，并通过无线通信模块发送出去；第二是读取无线通信模块接收到的数据及控制信息，进行数据处理，并对硬件平台或控制目标进行控制；第三是对通信协议进行处理，完成在无线传感器网络通信过程中的媒体访问控制、路由协议处理等。无线传感器节点微控制器的选择，需要针对无线传感器节点的应用需求综合考虑其处理能力、存储空间、能耗、外围接口等多方面因素。

无线通信模块：是无线传感器节点组网的必备单元，它使得独立的无线传感器节点之间可以相互连接，并能借助多跳功能将数据回传到汇聚节点。在进行无线通信模块硬件设计时应综合考虑无线通信模块的处理能力和数据传输时的能耗，在满足通信功能的情况下尽可能地降低通信能耗，延长无线传感器节点的工作寿命。在无线传感器网络中，典型的无线通信技术比较如表 2-10 所示。

表 2-10　无线传感器网络中典型的无线通信技术比较

无线通信技术	频率/GHz	距离/m	功耗	传输速率/kbit/s
Bluetooth	2.4	10	低	10000
802.11b	2.4	100	高	11000
ZigBee	2.4	10～75	低	250
IrDA	红外	1	低	16000
UWB	3.1～10.6	10	低	100000

能量供应模块：是无线传感器网络的能量来源，供电技术的好坏决定了网络工作时间的长短和系统运行成本。供电单元主要有高能量电池、燃料电池和能量转换电池等几种。当无线传感器节点被放置在室内固定位置时，可以采用交流供电，此时无线传感器节点的功耗并不会影响系统运行成本和无线传感器节点的使用寿命。

2.5.3　无线传感器网络的特点

无线传感器网络是集信息采集、数据传输、信息处理于一体的综合智能信息系统，具有广阔的应用前景，与传统网络相比，无线传感器网络具有以下显著特点。

1．网络规模大、节点数量多

布置大量无线传感器节点的优点：提高整体监测精确度；降低对单个节点的精度要求；大量冗余节点的存在使得系统有较强的容错性能。例如，森林及草原防火监测、野生动物活动情况监测、环境监测往往要布置大量的无线传感器节点。

2．自组织网络

与局部网的布设不同，无线传感器节点的位置在布设前不能确定（飞机撒布、人员随机布设），节点之间的相邻关系也不能事先确定，因此要求无线传感器节点具有自组织能力，能够自动进行配置管理。

3．动态性网络

无线传感器网络的拓扑结构经常改变，主要原因有无线传感器节点电能耗尽，环境变化造成通信故障，无线传感器节点本身出现故障，增加了新的无线传感器节点等。

4．可靠性要求高

无线传感器网络对无线传感器节点本身硬件结构的要求较高，主要考虑以下因素。
① 布设时：可能通过飞机撒布、炮弹（火箭）发射等方式布设。
② 工作时：风吹、日晒、雨淋、严寒、酷暑等恶劣环境。
③ 维护：维护十分困难（几乎不可能）。
对无线传感器节点网络要求高，主要考虑以下因素。
① 网络结构可靠。
② 自组织、动态性需保证基本信息传输正常。
③ 信息保密性强。

5．以数据为中心

在互联网中，终端、主机、路由器、服务器等设备都有自己的 IP 地址。想访问互联网中的资源，必须先知道存放资源的服务器的 IP 地址，所以互联网是一个以地址为中心的网络，而无线传感器网络是任务型网络。在无线传感器网络中，节点虽然也有编号，但是编号是否在整个无线传感器网络中统一取决于具体需要。另外，节点编号与节点位置之间也没有必然联系。用户使用无线传感器网络查询事件时，将关心的事件报告给整个网络而不是某个节点，许多时候只关心结果（数据）如何，而不关心是哪个节点发出的数据。

6．应用相关性

互联网上传递的信息是五花八门的，但是无线传感器网络传递的信息与应用所关注的物理量密切相关。不同的应用背景对无线传感器网络的需求不同，最终导致其硬件平台、软件系统，甚至网络协议都不同，所以在无线传感器网络中很难找到一种统一的通信协议平台。为了实现高效率，往往要针对一个具体应用来研究无线传感器网络技术。

无线传感器网络除有以上特点外，还受无线传感器节点的限制，如：

① 电源能量有限：电池供电量小、难以更换。

② 通信能力有限：通信距离小于100m。

③ 通信速率有限：通信速率一般小于1000kbit/s。

④ 计算和存储能力有限：处理器的计算能力弱、存储容量小。

2.5.4 无线传感器网络的典型应用

无线传感器网络的应用与具体的应用环境密切相关，因此针对不同的应用领域，存在性能不同的无线传感器网络。

1. 军事应用

在军事应用领域，利用无线传感器网络能够监测敌军区域内的兵力和装备，实时监视战场状况，定位目标物，监测核攻击和生物化学攻击等。在信息化战争中，战场信息的及时获取并做出反应对于整个战局至关重要。由于无线传感器网络具有生存能力强、探测精度高、成本低等特点，所以非常适合将其应用于恶劣的战场环境中，执行战场侦察与监控、目标定位、毁伤效果评估、核生化监测、国土安全保护、边境监视等任务。

（1）战场侦察与监控。

战场侦察与监控的基本思想是在战场上布设大量的无线传感器网络，以收集和中继信息，并对大量的原始数据进行过滤；然后把重要信息传送到数据融合中心，将大量信息集成为一幅战场全景图，以满足作战力量"知己知彼"的要求，大大提升指挥员对战场态势的感知水平。

对战场的监控可以分为对己方的监控和对敌方的监测，包括军事行动侦察与非军事行动监测。通过在己方人员、装备上附带各种传感器，并将传感器采集的信息通过汇聚节点送至指挥所，同时融合来自战场的其他信息，可以形成己方完备的战场态势图，帮助指挥员及时准确地了解武器装备、军用物资的部署和供给情况。利用无线传感器网络进行战场侦察与监控示意图如图2-46所示。

图2-46 利用无线传感器网络进行战场侦察与监控示意图

典型的无线传感器网络应用方式是用飞行器将大量微无线传感器节点散布于战场地域，并自组成网，对战场信息边收集、边传输、边融合。系统软件通过解读无线传感器节点传输的数据内容，将它们与公路、建筑、天气、单元位置等相关信息及其他无线传感器网络的信息相互融合，向指挥员提供一个动态、实时更新或近实时更新的战场信息数据库，为各作战平台更准确地制定战斗行动方案提供情报依据和服务，使情报侦察与获取能力得到质的飞跃。

（2）目标定位。

在无线传感器网络中，感知目标信息的节点将感知信息广播（无线传送）到管理节点，再由管理节点综合感知信息，对目标位置进行判断，这一过程称为目标定位。目标定位是无线传感器网络的重要应用之一，为火力控制和制导系统提供精确的目标定位信息，从而实现对预定目标的精确打击。

由于无线传感器网络具有扩展性强、实时性和隐蔽性好等特点，所以它非常适合对运动目标进行跟踪定位，向指挥中心提供目标的实时位置信息。无线传感器网络的目标定位应用方式可以分为侦测、定位、报告 3 个阶段。在侦测阶段，每个无线传感器节点随机"启动"以探测可能的目标，并在目标出现后计算自身到目标的距离，同时向网络广播节点位置及与目标的距离等信息；在定位阶段，各节点根据接收到的目标方位与自身位置信息，通过三边测量或三角测量等方法，获得目标的位置信息，然后进入报告阶段；在报告阶段，无线传感器网络会向距离目标较近的无线传感器节点广播消息，使之启动并对目标进行跟踪，同时无线传感器网络将目标信息通过汇聚节点传输到管理节点或指挥所，以实现对目标的精确定位。

（3）毁伤效果评估。

战场目标毁伤效果评估是对火力打击后目标毁伤情况的科学评价，是制定后续作战行动决策的重要依据。当前应用较多的目标毁伤效果评估系统主要依托于无人机、侦察卫星等手段，但这些手段均受到飞行距离、过顶时间、敌方打击无线传感器网络或天气等因素的制约，无法全天候对打击的目标进行抵近侦察并对毁伤效果做出正确评估。

在无线传感器网络中，价格低、生存能力强的无线传感器节点可以通过飞机或火力打击时的导弹、精确制导炸弹被附带撒布于攻击目标周围。在火力打击之后，无线传感器节点对目标的可见光、无线电通信、人员部署等信息进行收集、传递，并经过管理节点进行相关指标分析，使指挥员及时准确地进行战场目标毁伤效果评估：一方面可以使指挥员能够掌握火力打击任务的完成情况，适时调整火力打击计划和火力打击重点，为实施正确的决策提供科学依据；另一方面也可以最大限度地优化打击火力配置，集中优势火力对关键目标进行打击，从而大大提高作战资源利用率。

（4）核生化监测。

将微小的无线传感器节点部署到战场环境中形成自主工作的无线传感器网络，并让其负责采集有关核生化数据的信息，形成低成本、高可靠性的核生化攻击预警系统。这一系统可以在不消耗人员战斗力的条件下，及时而准确地发现己方阵地上的核生化污染，为参战人员提供宝贵的快速反应时间，从而尽可能地减少人员伤亡和装备损失。

在核生化战争中，及时、准确地采集爆炸中心附近的数据非常重要。在最短的时间内监测到爆炸中心附近的数据，判断爆炸类型，并对其产生的破坏情况进行估算是快速采取应对措施的关键，这些工作常常需要专业人员携带装备进入污染区进行探测。而若通过无人机、火箭弹等方式向爆炸中心附近撒布无线传感器节点，依靠自主工作的无线传感器网络进行数据采集，则在遭受核生化攻击后无须派遣人员即可快速获取爆炸现场精确的探测数据，从而避免相关人员在进行探测时直接暴露在核辐射环境中而受到核辐射的威胁。

2．环境监测应用

无线传感器网络应用于环境监测，能够完成传统系统无法完成的任务，如图 2-47 所示。环境监测应用领域包括植物生长环境、动物活动环境、生化监测、精准农业监测、森林火灾监测、洪水监测等。

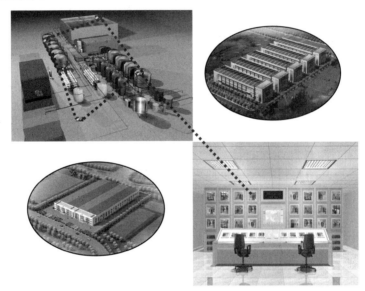

图 2-47　无线传感器网络应用——厂房设备及环境监控系统图

美国加州大学伯克利分校利用无线传感器网络监控大鸭岛（Great Duck Island）的生态环境，在岛上部署了 30 个无线传感器节点，无线传感器节点采用伯克利分校研制的 Mica 系列节点，包括监测环境温度、光强、湿度、大气压力等信息所需的多种传感器。系统采用分簇的网络结构，将无线传感器节点采集到的环境参数传输到簇头（网关），然后通过传输网络、基站、互联网将数据传送到数据库中。用户或管理员可以通过互联网远程访问监测区域。

美国加州大学在加利福尼亚州圣哈辛托山脉建立了可扩展的无线传感器网络系统，主要监测局部环境条件下的小气候和植物、动物的生态模式。监测区域（25hm^2）分为 100 多个小区域，每个小区域包含各种类型的无线传感器节点，该区域的网关负责传输数据到基站，系统有多个网关，将数据经由传输网络传送到互联网。

美国加州大学伯克利分校利用部署于一棵高 70m 的红杉树上的无线传感器网络系统来监测其生存环境，节点间距为 2m，监测周围的空气温度、湿度、太阳光强（光合作用）等变化。

利用无线传感器网络系统监测牧场中牛的活动，目的是防止两头牛相互争斗。系统中的节点是动态的，因此要求系统采用无线通信模式和高数据传输速率。

在印度西部多山区域部署的用于监测泥石流的无线传感器网络系统，其目的是在灾难发生前预测泥石流的发生。采用大规模、低成本的节点构成网络，每隔预定的时间发送一次山体状况的最新数据。

Intel 公司利用 Crossbow 公司生产的 Mote 系列节点在美国俄勒冈州的一个葡萄园中部署了监测其环境微小变化的无线传感器网络。

3．医疗卫生应用

美国加利福尼亚大学提出了基于无线传感器网络的人体健康监测平台，传感器类型包括压力传感器、皮肤反应传感器、伸缩传感器、压电薄膜传感器、温度传感器等。节点采用美国加州大学伯克利分校研制、Crossbow 公司生产的 Dot-Mote 节点，通过个人计算机可以方便直观地查看人体当前的情况。

美国纽约 Stony Brook 大学针对当前社会老龄化的问题，提出了监测老年人生理状况的无线传感器网络系统（Health Tracker 2000）。这套系统除可以监测用户的生理信息外，还可以在用户发生危险时及时通报其身体情况和位置信息。节点采用 Crossbow 公司生产的 Mica-Z 和 Mica-Z Dot 系列节点，包括监测体温、脉搏、呼吸、血氧水平等的传感器。

无线传感器网络可应用于可穿戴设备，实现个性化医疗系统，如图 2-48 所示。

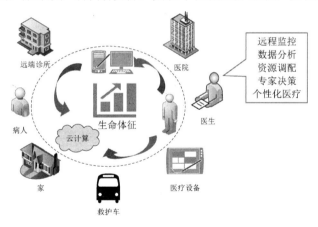

图 2-48　无线传感器网络应用——可穿戴设备

4．智能交通应用

图 2-49 所示为无线传感器网络应用——智能路灯监控系统图，其将分布式无线传感器节点部署于道路两旁，该系统重点强调了系统的智能管控性问题，包括耗能、网络动态安全、网络规模、数据管理融合、数据传输模式等。

1995 年，美国交通部提出了到 2025 年全面投入使用的"国家智能交通系统项目规划"。该计划利用大规模无线传感器网络，配合 GPS 定位系统等资源，除使所有车辆都能保持在高效低耗的最佳运行状态，自动保持车距外，还能推荐最佳行驶路线，并可对潜在的故障发出警告。

中国科学院沈阳自动化所提出了基于无线传感器网络的高速公路交通监控系统，节点采用图像传感器，在能见度低、路面结冰等情况下，能够实现对高速路段的有效监控。

除上述提到的应用领域外，无线传感器网络还可以应用于工业生产、智能家居、仓库物流管理、空间海洋探索等领域。

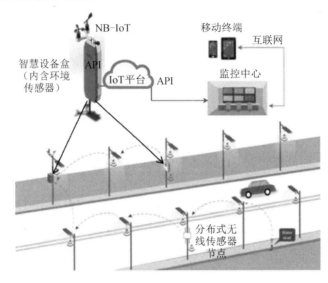

图 2-49　无线传感器网络应用——智能路灯监控系统图

⊙ 任务实施

查阅生活中典型的无线传感器网络应用有哪些，各有什么特点及其关键组成。

⊙ 任务评价

1. 描述无线传感器网络的应用场景。
2. 分析该应用场景下无线传感器网络的结构、关键技术及特点。
3. 注明来源：网址或书籍（页码）等。
4. 提交 word 文档。

任务6　认识嵌入式系统技术

⊙ 任务描述

嵌入式系统技术与传感器技术、网络技术、软件技术并称为物联网核心技术。如同 20 世纪 80 年代问世的个人计算机成为了 20 世纪 90 年代 Interent 的根基一样，嵌入式系统技术已成为今后物联网发展的关键，因为"物联"的基础就是嵌入式系统的运算。

任务目标

知识目标

✧ 掌握嵌入式系统的定义
✧ 掌握嵌入式系统的组成
✧ 熟悉嵌入式系统的特点及发展阶段
✧ 了解嵌入式系统的应用

能力目标

✧ 理解嵌入式系统和通用计算机系统的联系和区别
✧ 了解不同嵌入式处理器的特点
✧ 熟悉嵌入式系统的典型应用

素质目标

✧ 引导学生积极思考，激发学习动力，培养学生的学习兴趣
✧ 培养学生好学上进的品质
✧ 培养创新意识、创新精神
✧ 培养学生的基本职业素养
✧ 培养积极沟通的习惯
✧ 培养团队合作精神
✧ 激发科技兴国的爱国热情
✧ 激发科技报国的爱国情怀

知识准备

引导案例——生活中无处不在的嵌入式产品

近年来，随着移动互联网、物联网、人工智能等的迅猛发展，嵌入式系统技术日渐普及，嵌入式产品在我们生活中无处不在，小到我们随身携带的电子产品，如手机、手环、蓝牙耳机等，大到汽车、飞机、火箭等，无一不采用嵌入式系统技术来实现。随着社会的日益信息化和专业化，嵌入式系统已作为典型的计算机应用系统渗透到各行各业中。从工业生产到农业生产，从民用领域到军事领域，嵌入式系统发挥着越来越重要的作用。

2.6.1　嵌入式系统的定义

嵌入式系统还没有比较权威、统一的定义。

定义 1：嵌入式系统是以应用为中心，以计算机技术为基础，软件、硬件可裁减，对功能、可靠性、成本、体积、功耗有严格要求的专用计算机系统。

定义 2：嵌入式系统是嵌入到对象体系中的专用计算机系统。嵌入性、专用性与计算机系统是嵌入式系统的三个基本要素。

定义 3：电气电子工程师学会对嵌入式系统的定义为嵌入式系统是用于控制、监视或者辅助操作机器和设备的装置。

嵌入式系统是面向用户、面向产品、面向应用的，它只有与具体应用相结合才会具有生命力，才更具有优势。因此可以这样理解上述三个面向的含义，即嵌入式系统是与应用紧密结合的，它具有很强的专用性，必须结合实际系统需求进行合理的裁减利用。

嵌入式系统是将先进的计算机技术、半导体技术，电子技术和各个行业的具体应用相结合后的产物，这一点决定了它必然是一个技术密集、资金密集、高度分散、不断创新的知识集成系统。嵌入式系统必须根据应用需求对软件、硬件进行裁减，满足应用系统对功能、可靠性、成本、体积等的要求。

2.6.2　嵌入式系统的组成

嵌入式系统可以分为四个部分：嵌入式处理器、嵌入式外围设备、嵌入式操作系统、嵌入式应用软件，如图 2-50 所示。它用于实现对其他设备的控制、监视或管理等功能。

图 2-50　嵌入式系统的组成

1．嵌入式处理器

嵌入式处理器是嵌入式系统硬件层的核心，是控制、辅助系统运行的硬件单元，范围极其广，从最初的 4 位处理器，目前仍在大规模应用的 8 位单片机，到受到人们青睐的 32 位、64 位嵌入式处理器。嵌入式微处理器与通用处理器最大的不同在于嵌入式微处理器大多数工作在为特定用户群所专门设计的系统中，它将通用处理器许多由板卡完成的任务集成在芯片内部，从而有利于嵌入式系统在设计时趋于小型化，同时还具有很高的效率和可靠性。嵌入式处理器可分为四类：嵌入式微处理器、嵌入式微控制器、嵌入式数字信号处理器、嵌入式片上系统。下面分别进行介绍。

（1）嵌入式微处理器（Embedded Micro Processor Unit，EMPU）是由通用计算机中的 CPU 演变而来的。嵌入式微处理器的体系结构可以采用冯·诺依曼体系结构或哈佛体系结构，指令系统可以选用精简指令系统和复杂指令系统 CISC。

嵌入式微处理器有多种不同的体系，即使在同一体系中也可能具有不同的时钟频率和数据总线宽度，或集成了不同的外围设备和接口。据不完全统计，目前全世界嵌入式微处理器已经超过 1000 种，体系结构有 30 多个系列，其中主流的体系有 ARM、MIPS、PowerPC、X86 和 SuperH 等。但与全球计算机市场不同的是，没有一种嵌入式微处理器可以主导市场，仅就 32 位的产品而言，其有 100 种以上的嵌入式微处理器。嵌入式微处理器的选择是根据具体的应用而决定的。

（2）嵌入式微控制器（Embedded Micro Controller Unit，EMCU）又称为微控制器，其典型代表是单片机。把嵌入式应用所需要的微处理器、I/O 接口、A/D（模/数转换）接口、D/A（数/模转换）接口、串行接口、RAM、ROM 全部集成到一个 VLSI 中，制造出面向 I/O 的微控制器，就是我们所说的单片机。

（3）嵌入式数字信号处理器（Embedded Digital Signal Processor， EDSP）是专门用于信号处理的处理器，其在系统结构和指令算法方面进行了特殊设计，具有很高的编译效率和指令执行速度。

（4）嵌入式片上系统（Embedded System on Chip，ESoC）最大的特点是成功实现了软件和硬件的无缝结合，直接在处理器片内嵌入操作系统的代码模块。

2．嵌入式外围设备

嵌入式外围设备是指除中央控制部件（EMPU、EMCU、EDSP、ESoC）外，用于完成存储、通信、调试显示等辅助功能的其他硬件部件。常用的嵌入式外围设备按功能可分为存储设备、通信设备和显示设备三大类。

存储设备主要用于各类数据的存储，常用的有静态随机存储器（SRAM）、动态存储器（DRAM）和非易失存储器（ROM、EPROM、EEPROM、Flash）三种，其中 Flash 凭借其可擦写次数多、存储速度快、存储容量大、价格便宜等优点，在嵌入式领域得到了广泛应用。

嵌入式系统硬件部分除存储设备外，还包括丰富的外围接口，如 A/D 接口、D/A 接口、I/O 接口等。也正是基于这些丰富的外围接口，嵌入式系统的应用才越来越丰富，外围设备通过和片外其他设备或传感器的连接来实现微处理器的 I/O 功能。每个外围设备通常都只有单一的功能，它可以安装在芯片外，也可以内置于芯片中。外围设备的种类很多，可以是一个简单的串行通信设备，也可以是非常复杂的无线通信设备。

目前，嵌入式系统中常用的通用设备接口有 A/D 接口、D/A 接口、I/O 接口，I/O 接口有 RS-232 接口（串行通信接口）、Ethernet（以太网）接口、USB（通用串行总线）接口、音频接口、VGA 视频输出接口、I2C（现场总线）接口、SPI（串行外围设备接口）和 IrDA（红外线接口）等。

3．嵌入式操作系统

嵌入式操作系统专门负责管理存储器分配、中断处理、任务调度，达到使嵌入式系统的开发更加方便和快捷的目的。嵌入式操作系统是用来支持嵌入式应用的系统软件，是嵌入式系统极为重要的组成部分，通常包括与硬件相关的底层驱动程序、系统内核、设备驱动接口、通信协议、图形用户界面等。与通用操作系统相比，嵌入式操作系统在系统实时高效性、硬件的相关依赖性、软件固化及应用的专用性等方面具有较为突出的特点。

嵌入式操作系统根据应用场景可分为两大类：一类是面向消费电子产品的非实时操作系统，这类设备包括个人数字助理（Personal Digital Assistant，PDA）、移动电话、机顶盒（Set-Top Box，STB）等；另一类是面向控制、通信、医疗等领域的实时操作系统，如 Wind River System 公司开发的 VxWorks、QNX 系统软件公司开发的 QNX 等。实时操作系统是一种能够在指定或者确定时间内完成系统功能，并且对外部和内部在同步或者异步时间内能做出及时响应的系统。

4．嵌入式应用软件

嵌入式应用软件是真正针对需求的，由嵌入式软件工程师完全自主开发的软件。嵌入式应用软件是实现系统各种功能的关键，好的嵌入式应用软件可以使同样的硬件平台更好、更高效地完成系统功能，使系统具有更大的经济价值。嵌入式应用软件是针对特定应用领域，基于某一固定的硬件平台，用于实现用户预期目标的计算机软件。由于用户任务可能有时间和精度上的要求，因此，有些嵌入式应用软件需要特定嵌入式操作系统的支持。嵌入式应用软件和普通应用软件有一定的区别，它不仅应在准确性、安全性和稳定性等方面满足实际应用的需求，还应尽可能地进行优化，以减少对系统资源的消耗，降低硬件成本。

2.6.3　嵌入式系统的特征

嵌入式系统有以下几个重要特征。

1．嵌入式系统内核小

由于嵌入式系统一般是应用于小型电子装置的，系统资源相对有限，所以内核较之传统的操作系统要小得多。比如 Enea 公司开发的 OSE 分布式系统，内核只有 5KB，与 Windows 的内核没有可比性。

2．嵌入式系统专用性强

嵌入式系统的个性化很强，其中软件和硬件的结合非常紧密，一般要针对硬件进行系统的移植，即使同一品牌、同一系列的产品也需要根据系统硬件的变化和增减不断进行修改。同时针对不同的任务，往往需要对系统进行较大更改，程序的编译下载要和系统相结合，这种修改和通用软件的"升级"是两个概念。

3．嵌入式系统精简

嵌入式系统一般没有系统软件和应用软件的明显区分，不要求其在功能设计及实现上过于复杂，这样一方面有利于控制系统成本，另一方面有利于实现系统安全。

4．高实时性

高实时性的系统软件是嵌入式系统的基本要求，而且要求软件采用固态存储，以提高速度；要求软件代码具有高质量和高可靠性。

5．多任务操作

嵌入式软件开发要想走向标准化，就必须使用多任务的操作系统。嵌入式系统的应用程序可以没有操作系统，直接在芯片上运行；但是为了合理地调度多任务、利用系统资源、系统函数，以及和专家库函数接口，用户必须自行选配实时操作系统（Real-Time Operating System）开发平台，这样才能保证程序执行的实时性、可靠性，并节省开发时间，保证软件质量。

6．系统开发需具备相应工具和环境

嵌入式系统开发需要开发工具和环境。由于其本身不具备自主开发能力，所以设计完成以后用户是不能对其中的程序功能进行修改的，必须有一套开发工具和环境才能进行开发，这些开发工具和环境一般基于通用计算机上的软硬件设备及各种逻辑分析仪、混合信号示波器等。开发时往往有主机和目标机的概念，主机用于程序的开发，目标机作为最后的执行机，需要交替结合进行开发。

7．嵌入式系统需与具体应用结合

嵌入式系统与具体应用有机结合在一起，升级换代也是同步进行的。因此，嵌入式系统产品一旦进入市场，就具有较长的生命周期。

8．软件固化

为了提高系统运行速度和可靠性，嵌入式系统中的软件一般都固化在存储器芯片中。

2.6.4 嵌入式系统的发展及应用

1．嵌入式系统的发展历程

20 世纪 60 年代，嵌入式这个概念就已经存在了。在通信方面，嵌入式系统在 20 世纪 60 年代用于电子机械电话交换的控制，当时被称为"存储式程序控制系统"。

20 世纪 70 年代，出现了微处理器。

20 世纪 80 年代，总线技术飞速发展，出现了单片机。

20 世纪 90 年代，在分布控制、柔性制造、数字化通信和信息家电等巨大需求的牵引下，嵌入式系统进一步加速发展。

21 世纪进入全面的网络时代，将嵌入式系统应用到各类网络中去也必然是嵌入式系统发展的重要方向。

2．嵌入式系统的应用

嵌入式系统具有非常广阔的应用前景，其应用领域如下。

（1）工业控制。

基于嵌入式芯片的工业自动化设备将获得长足的发展，目前已经有大量的 8 位、16 位、32 位嵌入式微处理器在应用中，如工业过程控制、数字机床、电力系统、电网安全、电网设备监测、石油化工系统。就传统的工业控制产品而言，低端型采用的往往是 8 位单片机，

随着技术的发展，32 位、64 位嵌入式微处理器逐渐成为工业控制设备的核心。

（2）交通管理。

在车辆导航、流量控制、信息监测与汽车服务方面，嵌入式系统已经获得了广泛的应用，内嵌 GPS 模块、GSM 模块的移动定位终端已经在各种运输行业成功使用。目前，GPS 设备已经进入了普通百姓的家庭。

（3）信息家电。

信息家电将成为嵌入式系统最大的应用领域，冰箱、空调等的网络化和智能化将引领人们的生活步入一个崭新的空间。即使你不在家里，也可以通过电话线、网络进行远程控制。在这些设备中，嵌入式系统大有用武之地。

（4）家庭智能管理系统。

水、电、煤气表的远程自动抄表，安全防火、防盗系统中嵌入的专用控制芯片会代替传统的人工检查，并拥有更快速、更准确和更安全的性能。目前在服务领域（远程点菜器等）中，已经可以看到嵌入式系统的优势。

（5）POS 网络及电子商务。

公共交通无接触智能卡（Contactless Smartcard）发行系统、公共电话卡发行系统、自动售货机等各种智能 ATM（自动柜员机）终端将全面走入人们的生活，届时手持一卡就可以行遍天下。

（6）环境工程与自然。

在很多环境恶劣、地况复杂的地区，嵌入式系统将实现无人监测，如水文资料实时监测、防洪体系及水土质量监测、堤坝安全、地震监测、实时气象信息监测、水源和空气污染监测。

（7）机器人。

嵌入式芯片的发展将使机器人在微型化、高智能方面的优势更加明显，同时会大幅度降低机器人的价格，使其在工业领域和服务领域获得更广泛的应用。

（8）其他。

航空电子，如惯性导航系统、飞行控制硬件和软件，以及其他飞机和导弹中的集成系统；移动电话和电信交换机；计算机网络设备，包括路由器、时间服务器和防火墙；办公设备，包括打印机、复印机、传真机、多功能打印机；磁盘驱动器（软盘驱动器和硬盘驱动器）；汽车发动机控制器和防锁死刹车系统；家庭自动化产品，如恒温器、冷气机、洒水装置和安全监视系统；家用电器，包括微波炉、洗衣机、电视机、DVD 播放器和录制器；医疗设备，如 X 光机、核磁共振成像仪；测试设备，如数字存储示波器、逻辑分析仪、频谱分析仪；多功能手表；多媒体电器，如因特网无线接收机、电视机顶盒、数字卫星接收器；PDA，即带有个人信息管理和其他应用程序的小型手持计算机；带有其他能力的移动电话，如带有蜂窝电话、PDA 和 Java 的移动数字助理；用于工业自动化和监测的可编程逻辑控制器；固定游戏机和便携式游戏机；可穿戴计算机。

➡ 任务实施

查阅嵌入式系统的应用领域有哪些，各有什么创新点，发展趋势是什么。

任务评价

1. 介绍嵌入式系统的组成。
2. 描述嵌入式系统的应用领域及特点。
3. 描述嵌入式系统的发展趋势及相关的关键技术。
4. 注明来源：网址或书籍（页码）等。
5. 提交 word 文档。

练 习 题

一、填空题

1. 标签按能量供给方式分为_____、_____和_____三类。
2. RFID 阅读器和标签之间的耦合一般分为_____和_____两种。
3. 无线传感器节点的组成：_____、_____、_____、_____。

二、选择题

1. RFID 技术利用射频信号及其（ ）的传输特性，实现对静止或移动物品的自动识别。

    A. 空间耦合   B. 变压器耦合   C. 电感耦合   D. 反向散射耦合

2. RFID 系统前端由（ ）和标签组成。

    A. RFID 阅读器   B. 电子标签   C. EPC   D. 耦合器

3. 在门禁控制系统中，（ ）不属于指纹识别技术涉及的功能。

    A. 读取指纹图像   B. 提取特征

    C. 保存数据   D. 年龄识别

4. 下列条形码中，属于二维码的是（ ）。

    A. PDF417 码   B. UCC/EAN-128 码

    C. Codabar 码   D. 39 码

5. 以下哪个场景利用了图像识别技术？（ ）

    A. "电子警察"判罚车辆闯红灯   B. 刷卡开门

    C. ETC 不停车收费   D. 雷达测速

6. 目前国际上广泛采用的高频频率是（ ）。

    A. 125kHz   B. 13.56MHz

    C. 868～965MHz   D. 2.45GHz 和 5.8GHz

7. 力敏传感器接收（ ）信息，并转换为电信号。

    A. 力   B. 声   C. 光   D. 位置

8. （ ）不是传感器的性能指标。

    A. 量程   B. 灵敏度   C. 精度   D. 成本

三、判断题

1. 生物识别技术是利用人的生理特征或行为特征来进行个人身份自动识别的技术。（　　）

2. 在条形码编码时，条、空图案对数据不同的编码方法称为码制。（　　）

3. IC 卡与读写器之间的通信方式只能是非接触式。（　　）

第**3**章

认识物联网网络层技术

本章介绍

　　网络是物联网最重要的基础设施之一，物联网和现有网络有何异同？无线网络在物联网中扮演什么角色？通过对本章的学习，读者将对上述问题有更清楚的理解。网络层在物联网三层架构模型中连接感知层和应用层，起到强大的纽带作用，高效、稳定、及时、安全地传输上下层的数据。本章着重介绍了典型短距离无线通信技术、典型长距离无线通信技术的基本概念和应用，探讨了各种通信技术在物联网的应用。

任务安排

　　任务1　典型短距离无线通信技术

　　任务2　典型长距离无线通信技术

任务 1　典型短距离无线通信技术

任务描述

　　小王在学习了物联网的基本知识后，经常考虑一件事，物联网在感知层获得了物理世界的基本信息后，如何传输到客户端呢？各个物联网设备之间如何传递信息呢？老师对小王的主动思考能力表示赞许，并告诉他，这些都属于物联网通信方面的知识，需要进一步学习和了解相关的通信技术。在本任务中，我们将学习典型的短距离无线通信技术。

任务目标

知识目标

　　◇ 了解短距离无线通信技术的定义

◇ 了解常见短距离无线通信技术的定义
◇ 理解常见短距离无线通信技术的原理
◇ 理解不同短距离通信技术之间的通信方式

能力目标

◇ 能发现生活中短距离无线通信技术的应用
◇ 能够解释短距离无线通信技术的通信方式
◇ 能够解释不同短距离通信技术之间的区别

素质目标

◇ 培养主动观察的意识
◇ 培养独立思考的能力
◇ 培养积极沟通的习惯
◇ 培养团队合作精神
◇ 激发科技兴国的爱国热情
◇ 激发科技报国的爱国情怀

知识准备

引导案例——智能家居中的短距离无线通信技术

随着经济社会的发展和科技的不断进步，人们越来越追求高安全度、高舒适度的生活环境和智能化、多样性的信息服务。为了满足人们的这些需求，智能家居应运而生。人们在尽享住宅高安全度、高舒适度的同时，对住宅网络化、智能化信息服务提出了新的要求，顺应此种趋势，多种短距离无线通信技术各自发挥特长，目前常用的物联网短距离无线通信技术有 Wi-Fi 技术、蓝牙技术、ZigBee 技术等。

3.1.1 Wi-Fi 技术

2022 年，共享 Wi-Fi "火"了。简单来讲，共享 Wi-Fi 就是将 Wi-Fi 账号和密码生成一个二维码，微信扫码即可自动连接 Wi-Fi。

它的应用场景一般为各类店铺，如餐饮、娱乐、休闲、住宿等类型的店铺，只要有顾客的地方，店家只需要贴一张 Wi-Fi 二维码贴纸，便可为顾客提供 Wi-Fi 服务，不但能方便顾客，而且能方便店家，大大提升用户消费体验感和店铺的运营效率。

只要有顾客需要使用 Wi-Fi，就会有共享 Wi-Fi 的需求，而在人人都使用智能手机的时代，只要是店铺就会有需求。据相关机构初步统计和预测，共享 Wi-Fi 的市场规模可达亿万元级别。

1. Wi-Fi 的定义

Wi-Fi（Wireless Fidelity，无线保真）是一种允许电子设备连接到一个无线局域网（Wireless LAN，WLAN）的技术，通常指符合 IEEE 802.11b 标准的网络产品，使用 2.4G UHF 或 5G SHF ISM 射频频段。

Wi-Fi 可以将个人计算机、手持设备（PDA、手机等）等终端以无线方式互相连接。Wi-Fi 连接到无线局域网通常是有密码保护的，但是也可以是开放的。

通常人们会把 Wi-Fi 及 IEEE 802.11 混为一谈，甚至把 Wi-Fi 等同于无线网络。但实际上 Wi-Fi 是一个无线通信技术的品牌，由 Wi-Fi 联盟（Wi-Fi Alliance）持有，Wi-Fi 用于改善基于 IEEE 802.11 标准的无线网络产品之间的互通性，保障使用该商标的产品之间可以互相合作。因此，Wi-Fi 可以看作 IEEE 802.11 协议的具体实现，但现在人们逐渐习惯用 Wi-Fi 来称呼 IEEE 802.11 协议，其已经成为 IEEE 802.11 协议的代名词。

2．Wi-Fi 的历史沿革

1999 年，Wireless Ethernet Compatibility Alliance（WECA）成立，后来 WECA 更名为 Wi-Fi 联盟，现总部设在美国得克萨斯州，成员单位超过 300 个。

2000 年，Wi-Fi 联盟启动 Wi-Fi 认证计划，对 WLAN 产品进行 IEEE 802.11 兼容性认证测试。

2007 年，Wi-Fi 联盟启动 IEEE 802.11n draft2 认证测试。

Wi-Fi4（IEEE 802.11n）、Wi-Fi5（IEEE 802.11ac）、Wi-Fi6（IEEE 802.11ax）、Wi-Fi6E（IEEE 802.11ax）分别于 2009 年、2013 年、2019 年、2021 年发布。

2022 年，各厂商相继推出 Wi-Fi7 产品和解决方案。

2023 年 2 月底，国内对 Wi-Fi7 启动认证，厂商通过 Wi-Fi7 技术标准认证后，其产品就能上市。

Wi-Fi 系列协议的发展及演进情况如表 3-1 所示。

表 3-1　Wi-Fi 系列协议的发展及演进情况

	首个	Wi-Fi1	Wi-Fi2	Wi-Fi3	Wi-Fi4	Wi-Fi5	Wi-Fi6	Wi-Fi6E	Wi-Fi7
标准	IEEE 802.11 Prime	IEEE 802.11b	IEEE 802.11a	IEEE 802.11g	IEEE 802.11n	IEEE 802.11ac	IEEE 802.11ax	IEEE 802.11ax	IEEE 802.11be
发布时间（年）	1997	1999	1999	2003	2009	2013	2019	2021	2023
最大速率（bit/s）	1M 或 2M	11M	54M	54M	600M	6.928G	9.6G	9.6G	46G
工作频段（GHz）	2.4	2.4	5	2.4	2.4/5	5	2.4/5	2.4/5/6	2.4/5/6
安全	WPA	WPA	WPA	WPA	WPA2	WPA2	WPA3	WPA3	WPA3
MIMO	—	—	—	—	4×4MIMO	4×4MIMO DLMU-MIMO	8×8UL/DL MU-MIMO	8×8UL/DL MU-MIMO	16×16MU-MIMO
调制方式	DSSS/FHSS	DSSS	OFDM	DSSS/OFDM	64QAM/OFDM	256QAM/OFDM	1024QAM/OFDMA	1024QAM/OFDMA	4096QAM/OFDMA
无交叠信道	—	3 个	12 个	3 个	13 个	13 个	13 个	13 个	16 个
信道带宽（MHz）	20	20	20	20	20/40	20/40/80/80+80/160	20/40/80/80+80/160	20/40/80/80+80/160	160+160/320
兼容性	—	通过认证可互通	不兼容 802.11b/g	兼容 802.11b	向下兼容 802.11a/b/g	向下兼容 802.11a/n	向下兼容 802.11a/n/ac	向下兼容 802.11a/n/ac	向下兼容

2021 年，全球 Wi-Fi 热点市场总规模达到 252.28 亿元。2022 年，全球有近 180 亿台 Wi-Fi 设备投入使用，年出货量超过 44 亿台。到 2023 年，将有近 6.28 亿个公共 Wi-Fi 热点，其中十分之一配备了基于 IEEE 802.11ax 的 Wi-Fi6。预计在 2021—2027 年期间，Wi-Fi 热点市场总规模将以 12.6%的复合年增长率稳步增长，2027 年全球 Wi-Fi 热点市场总规模将达到 514.17 亿元。

3．Wi-Fi 的特点

自 1997 年 IEEE 发布了第一个无线网络规范 IEEE 802.11 开始，无线网络因其独特的优势迅猛发展起来。Wi-Fi 技术的特性进一步提高了无线网络的发展速度。Wi-Fi 技术的主要特点如下。

① 无线电波的覆盖范围广。基于蓝牙技术的无线电波的覆盖半径为 15m 左右，而基于 Wi-Fi 技术的无线电波的覆盖半径为 100m 左右，可以实现整栋大楼的无线通信，Wi-Fi6 的传输距离可达 300～400m。

② 数据传输速率高。虽然 Wi-Fi 技术的无线通信质量和数据安全性能比蓝牙差一些，但其数据传输速率非常高，IEEE 802.11b 可以达到 11Mbit/s，IEEE 802.11ax 即 Wi-Fi6 的最大数据传输速率可达 9.6Gbit/s，Wi-Fi7 的最大数据传输速率可达 46Gbit/s。

③ 无须布线，节省了布线的成本。

④ 发射功率低，对人体辐射小。IEEE 802.11 规定的发射功率不能超过 100mW，实际发射功率为 60～70mW，对人体的辐射小。

⑤ 组网方式简单，容易实现。一般只需一个无线网卡及一个无线访问节点就可组成一个 Wi-Fi 无线网络。

Wi-Fi 技术在应用中也存在一定的问题，Wi-Fi 的无线通信质量不是很好，数据安全性能比蓝牙差一些，传输质量有待改善，由于 Wi-Fi 的工作频段为 2.4GHz 的开放频段，因此其也容易受到其他设备的干扰。

4．Wi-Fi 的系统构成

（1）基本结构。

Wi-Fi 网络架构主要包括以下六部分。

① 站点（Station）：网络最基本的组成部分。

② 基本服务集（Basic Service Set，BSS）：网络最基本的服务单元，站点可以动态地连接到 BSS 中。

③ 分配系统（Distribution System，DS）：用于连接不同的基本服务集。

④ 接入点（Access Point，AP）：既有普通站点的身份，又有接入分配系统的功能。

⑤ 扩展服务集（Extended Service Set，ESS）：由分配系统和基本服务集组合而成。

⑥ 关口（Portal）：用于将无线局域网和有线局域网或其他网络联系起来。

（2）工作原理。

Wi-Fi 的设置需要一个 AP 和一个或一个以上的客户端（Client）。AP 每 100 ms 将 SSID（Service Set Identifier，服务集标识符）经由信号台封包广播一次，信号台封包的传输速率是 1Mbit/s，并且长度相当短，所以这个广播动作对网络效能的影响不大。因为 Wi-Fi 规定的最低传输速率是 1Mbit/s，所以所有的客户端都能收到这个 SSID 广播封包，客户端可以借此决定是否要和这一个 SSID 广播封包的 AP 连接。使用者可以设置要连接到哪一个 AP，Wi-Fi 总是对客户端开放其连接标准，并支持漫游的。

（3）网络拓扑。

能互相进行无线通信的站点组成一个 BSS，BSS 是 Wi-Fi 网络的基本单元。Wi-Fi 网络有如下 3 种常见拓扑结构。

① 集中式拓扑结构。

集中式拓扑结构如图 3-1（a）所示，由无线 AP 提供网络连接和通信中继，AP 的作用相当于蜂窝移动通信网中的基站。在此拓扑结构的网络中，各站点不能直接通信，需由 AP 转发。

② 分布式拓扑结构。

分布式拓扑结构如图 3-1（b）所示，在没有预先设置基础通信设施的环境中，网络中没有 AP 设备，各个无线站点间彼此直接进行通信，构成一种独立 BSS（IBSS），该网络模式也称为自组织网（AD HOC）模式。

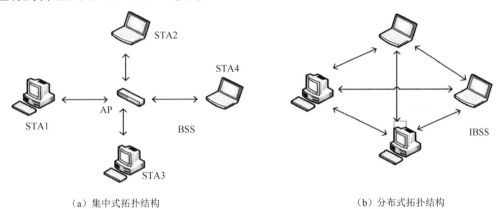

（a）集中式拓扑结构　　　　　　　　　　　　　　　（b）分布式拓扑结构

图 3-1　Wi-Fi 网络的拓扑结构

③ 复合式拓扑结构。

在实际应用中，经常需要 BSS 间进行通信，Wi-Fi 网络通过 ESS 组建复合式网络来解决此问题。ESS 是由多个 BSS 通过分布式系统相互连接起来的，每个 BSS 都分配了一个 BSS ID 作为标识。ESS 是一种复合型网络，在 BSS 内部采用集中式拓扑结构，BSS 之间采用分布式拓扑结构。

5．Wi-Fi 的典型应用

Wi-Fi 作为有线联网方式的重要补充和延伸，已逐渐成为计算机网络中一个至关重要的组成部分，被广泛应用于金融证券、教育、大型企业、工矿港口、政府机关、酒店、机场、军队等。其产品主要包括无线 AP、无线网卡、无线路由器、无线网关、无线网桥等。

（1）无线接入互联网。

Wi-Fi 技术作为组建无线网络的主流技术，为各种终端提供无线的宽带互联网接入，是移动互联网的主要实现方式。如图 3-2 所示，通过 Wi-Fi 可以支持手机、PDA、计算机等终端无线接入互联网。

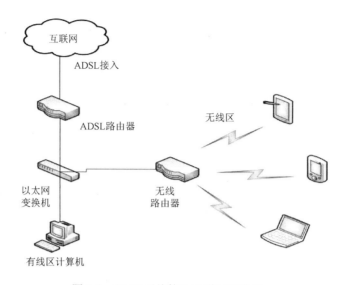

图 3-2 Wi-Fi 无线接入互联网示意图

（2）无线信息公用网。

Wi-Fi 技术作为无线接入和网络互联方式，配以网关和服务器设备，可以组建无线信息公用网，如图 3-3 所示。

图 3-3 Wi-Fi 无线信息公用网示意图

（3）热点覆盖。

Wi-Fi 技术作为无线接入和网络互联方式，配以 AP、交换机，可以完成热点覆盖，如图 3-4 所示。

（4）在矿井中应用。

Wi-Fi 设备的功率较小，符合矿井的安全要求，可用于矿井环境，并且可以改变矿井中无线通信长久以来一直徘徊在窄频范围的现状，使无线通信方式在矿井中得到更多的运用，如图 3-5 所示。

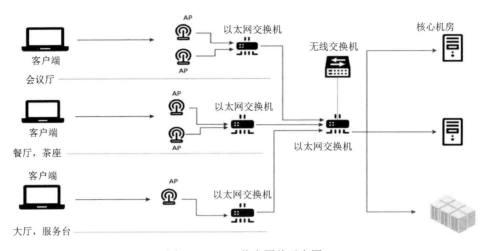

图 3-4　Wi-Fi 热点覆盖示意图

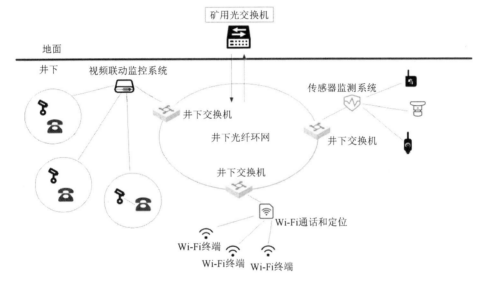

图 3-5　Wi-Fi 在矿井中的应用示意图

（5）Wi-Fi6 应用现状。

① Wi-Fi6 产品已逐渐成为主流，2023 年支持 Wi-Fi6 标准的芯片在 Wi-Fi 芯片总出货量中的占比将达到 90%。

② 新型应用场景将日益增多，Wi-Fi 技术在 VR、AR、超高清视频等新型高速率应用场景中具有高适用性，预计针对此类应用的 Wi-Fi 芯片在未来 5 年内将不断增多。

③ 物联网占比将逐步提升，在手机、平板计算机、笔记本计算机等消费电子终端出货量逐步下滑的背景下，Wi-Fi 技术将加快渗透至智能家居、智能制造等物联网应用场景中。

④ Wi-Fi6 将与 5G 技术形成互补共存关系，Wi-Fi6 与 5G 技术是通信领域的两大前沿技术，两种技术具有高速率、低时延等优势，均可用于物联网、VR、超高清视频等应用领域，这两项技术将逐步形成互补共存关系。

（6）Wi-Fi7 典型应用场景。

Wi-Fi7 引入的新功能将大大提高数据传输速率并提供更低的时延，而这些优势将更有助于新应用的发展，Wi-Fi7 的典型应用场景有视频流、视频/语音会议、无线游戏、实时协作、云/边缘计算、工业物联网、沉浸式 AR/VR、互动远程医疗。

3.1.2　蓝牙技术

1．蓝牙的概念

蓝牙技术是一种短距离无线通信技术，它最初的目标是取代现有的掌上计算机、手机等各种数字设备上的有线电缆连接。利用蓝牙技术能构建无线网络，简化手机、笔记本计算机、掌上计算机、无线耳机、相关外围设备等众多设备之间及其与互联网之间的通信，使网络最终不再受到地域与线路的限制，从而实现真正的随身上网与资料互换。

2．蓝牙的应用

看一看你身边的蓝牙设备有多少。蓝牙几乎可以被集成到任何数据设备之中，而不局限于最初诞生时的计算机外围设备，蓝牙技术的应用场景十分多，它能广泛用于各种短距离通信环境，特别是对数据传输速率要求不高的移动设备和便携设备。

以下是蓝牙技术的一些具体应用场景。

（1）数据共享。

无论是手机、计算机、PDA、打印机，还是智能音箱等都可以利用蓝牙技术来共享数据，操作方便。如手机在完成照片拍摄之后，可以直接将照片通过蓝牙传入具备蓝牙功能的打印机中进行打印；又如手机可以连接到蓝牙智能音箱播放音乐。

（2）无绳桌面。

将桌面/笔记本计算机无线连接到打印机、扫描仪、键盘、鼠标和 LAN 上。

（3）无线免提。

使蓝牙耳机与手机等设备相连，将双手解放出来完成更重要的任务；进入汽车后，将手机与车载蓝牙相连，在驾驶汽车时使用蓝牙接听电话，安全驾驶更有保障。

（4）同步资料。

无论是在办公室还是在家里，用户的笔记本计算机、手机或 PDA 都可通过蓝牙产品及相应程序，与其他设备同步，内部信息永葆最新。当然，E-mail 也可以实时接收并同步输入计算机，而且 E-mail 可以在飞机上完成，下机后自动发出。

（5）互联网接入。

内置蓝牙芯片的笔记本计算机或掌上计算机，可以通过蓝牙连接到蓝牙功能已打开的手机上，从而使用手机端的蜂窝移动通信网进行上网冲浪。

3．蓝牙的起源

蓝牙是由瑞典爱立信、芬兰诺基亚、日本东芝、美国 IBM 和 Intel 等五家著名厂商，于 1998 年 5 月在联合开展的一项旨在实现网络中各类数据及语音设备互联的计划中提出的。1999 年下半年，著名的 IT 界巨头微软、摩托罗拉、3Com、朗讯与蓝牙特别兴趣小组的五家公司共同成立了蓝牙技术推广组织，从而在全球范围内掀起了一股蓝牙热。蓝牙技术在短短时间内，以迅雷不及掩耳之势席卷了世界各个角落。

4．蓝牙的特点

蓝牙技术联盟在制定蓝牙规范之初，就建立了全球统一的目标，向全球发布，工作频段为全球统一开放的 2.4GHz 的 ISM 频段。蓝牙技术具有开放性高、成本低、功耗低、体积小、点对多点连接、语音与数据混合传输、抗干扰能力强，以及强调移动性和易用性应用环境等特点。

蓝牙是一种短距离无线通信技术，传输距离是 10～30m，在加入额外的功率放大器后，可以扩展到 100m，蓝牙 5.3 的理论最大传输距离可达 300m，不过条件较苛刻。

蓝牙可以保证较高的数据传输速率，蓝牙 1.0 的数据传输速率为 723.1kbit/s，蓝牙 5.3 的数据传输速率可达 48Mbit/s。

蓝牙支持实时语音传输和各种速率的数据传输，可单独或同时传输。当仅传输语音时，蓝牙设备最多可同时支持 3 路全双工的语音通信，辅助的基带硬件可以支持 4 个或者更多的语音信道。

蓝牙工作在 2.4GHz 的 ISM 频段，使用扩频和快速跳频（1600 跳/秒）技术。与其他工作在相同频段的系统相比，蓝牙跳频更快，数据包更短，从而更加稳定，即使在噪声环境中也可以正确无误地工作，还有利于保证安全性。另外，蓝牙还采用循环冗余校验（CRC）、前向纠错方式（FEC）及自动重传请求（ARQ）技术，以确保通信的可靠性，同时降低与其他电子产品和无线电系统的干扰。

蓝牙可根据需要支持点到点和点到多点的无线连接。采用无线方式可将若干蓝牙设备连成一个微微网（Piconet），多个微微网又可互联成分散网（Scatternet），形成灵活的多重微微网的拓扑结构，从而实现各类设备之间的快速通信。

每个收发机配置了符合 IEEE 802 标准的 48 位地址，任意蓝牙设备都可根据 IEEE 802 标准得到一个唯一的 48 位设备地址码 BD_ADDR。在 BD_ADDR 基础上，使用一些性能良好的算法可获得各种保密码和安全码，从而保证了设备识别码（ID）在全球的唯一性，以及通信过程中的安全性和保密性。

5．蓝牙的呼叫过程

蓝牙主设备发起呼叫，首先进行查找，找出周围处于可被查找状态的蓝牙设备，此时从设备需要处于可被查找状态。

主设备找到从设备后，与从设备进行配对，此时需要输入从设备的 PIN 码，一般蓝牙耳机默认为 1234 或 0000，立体声蓝牙耳机默认为 8888，也有的设备不需要输入 PIN 码。

配对完成后，从设备会记录主设备的信任信息，此时主设备即可向从设备发起呼叫，根据应用不同，可以是 ACL 数据链路呼叫，也可以是 SCO 语音链路呼叫，已配对的设备在下次呼叫时，不再需要重新配对。

在已配对的设备中，作为从设备的蓝牙耳机也可以发起建链请求，但进行数据通信的蓝牙模块一般不发起呼叫。

链路建立成功后，主、从设备之间即可进行双向的数据或语音通信。在通信状态下，主、从设备都可以发起断链请求，断开蓝牙链路。

6. 蓝牙的组网

若干蓝牙设备可以组成网络使用。蓝牙既可以"点到点",又可以"点到多点"进行无线连接。蓝牙网络的拓扑结构有两种形式,即微微网和分散网,如图 3-6 所示,它们均是无基站的组网方式。

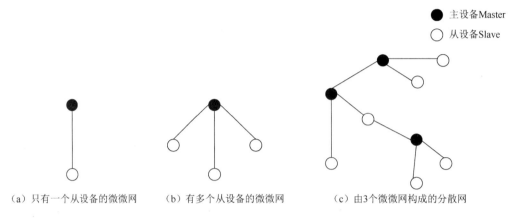

● 主设备Master
○ 从设备Slave

(a) 只有一个从设备的微微网　　(b) 有多个从设备的微微网　　(c) 由3个微微网构成的分散网

图 3-6　蓝牙网络的拓扑结构

(1) 微微网。

蓝牙中的基本联网单元是微微网,也称为主从网络,如图 3-6 (a)、图 3-6 (b) 所示,它由 1 台主设备和 1~7 台活跃的从设备组成。每个蓝牙设备都有自己的设备地址码(BD_ADDR)和活动成员地址码(AD_ADDR)。组网过程中首先发起呼叫的蓝牙设备叫作主设备(Master),其余的称为从设备(Slave)。在一个微微网中,主设备只能有一个。从设备仅可与主设备进行通信,并且只可以在主设备授予权限时进行通信。从设备之间不能直接通信,必须经过主设备才行。在同一微微网中,所有用户均用同一跳频序列同步,主设备确定此微微网中的跳频序列和时序。在一个互联的分布式网络中,一个节点设备可同时存在于多个微微网中,但不能在两个微微网中同时处于激活状态。

(2) 分散网。

分散网又称为散射网。在同一个区域内可能有多个微微网,一个微微网中的主设备也可以从属于另一个微微网,作为另一个微微网中的从设备,作为 2 个或 2 个以上微微网成员的蓝牙设备就成了网桥。网桥最多可以作为一个微微网的主设备,但可以作为多个微微网的从设备。多个微微网互联形成的网络称为分散网。图 3-6 (c) 所示为由 3 个微微网构成的分散网。

蓝牙分散网是自组织网的一种特例,其最大特点是可以无基站支持,每个移动终端的地位是平等的,并可独立进行分组转发的决策,其建网灵活性、多跳性、拓扑结构动态变化和分布式控制等特点是构建分散网的基础。

3.1.3　ZigBee 技术

1. ZigBee 的概念

ZigBee(中文称为蜂舞协议)是一种短距离、结构简单、功耗低、数据传输速率低、成本低和可靠性高的双向无线网络通信技术。

ZigBee 联盟成立于 2001 年 8 月。ZigBee 联盟采用了 IEEE 802.15.4 作为物理层和媒体接入层规范，并在此基础上制定了数据链路层（DLL）、网络层（NWK）和应用编程接口（API）规范，形成了 IEEE 802.15.4（ZigBee）技术标准。

ZigBee 功能示意图如图 3-7 所示，控制器通过收发器完成数据的无线发送和接收。ZigBee 工作在免授权的频段上，在 2.4GHz（全球流行）、868MHz（欧洲流行）和 915MHz（美国流行）3 个频段上，分别具有最高 250kbit/s、20kbit/s 和 40kbit/s 的数据传输速率，它的传输距离在 10～75m 的范围内，最大可达到 300～400m。

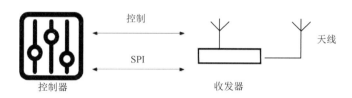

图 3-7 ZigBee 功能示意图

2．ZigBee 的应用

由于 ZigBee 具有功耗极低、系统简单、成本低、等待时间短和数据传输速率低的特点，因此非常适合有大量终端设备的网络，尤其适用于自动控制领域及组建短距离低速无线个人区域网（Low Rate-Wireless Personal Area Network，LR-WPAN），如楼宇自动化、工业监视及控制、计算机外围设备、互动玩具、医疗设备、消费性电子产品、家庭无线网络、无线传感器网络、无线门控系统和无线停车场计费系统等。

通常符合以下条件之一的应用，就可以考虑采用 ZigBee 技术：

① 设备成本很低，传输的数据量很小。

② 设备体积很小，不便放置较大的充电电池或电源模块。

③ 没有充足的电力支持，只能使用一次性电池。

④ 无法做到或者很难做到频繁地更换电池或者反复地充电。

⑤ 需要较大范围的通信覆盖，网络中的设备非常多，但仅仅用于监测或控制。

3．ZigBee 的特点

ZigBee 具有如下特点。

① 功耗极低：由于 ZigBee 的数据传输速率低，发射功率仅为 1mW，而且采用了休眠模式，功耗低，因此 ZigBee 设备非常省电。据估算，ZigBee 设备仅靠两节 5 号电池就可以维持长达 6 个月到 2 年的使用时间。

② 成本低：简单的协议和小的存储空间大大降低了 ZigBee 的成本，目前 ZigBee 芯片的成本为 2～3 美元，并且 ZigBee 协议是免专利费的。ZigBee 技术的成本是同类产品的几分之一甚至十分之一。

③ 时延短：通信时延和休眠激活的时延都非常短，典型的搜索设备时延为 30ms，休眠激活的时延是 15ms，活动设备信道接入的时延为 15ms。因此，ZigBee 技术适用于对时延要求苛刻的无线控制应用（工业控制场景等）。

④ 网络容量大：一个星形结构的 ZigBee 网络最多可以容纳 254 个从设备和 1 个主设备，一个区域内可以同时存在最多 100 个 ZigBee 网络，而且网络组成灵活。

⑤ 可靠性高：ZigBee 采取了碰撞避免策略，同时为需要固定带宽的通信业务预留了专用时隙，避开了发送数据的竞争和冲突。媒体访问控制层采用了完全确认的数据传输模式，发送的每个数据包都必须等待接收方的确认信息，如果传输过程中出现问题可以重发。

⑥ 安全性高：ZigBee 提供了基于 CRC 的数据包完整性检查功能，支持鉴权和认证，采用了 AES-128 加密算法，各个应用可以灵活确定其安全性。

⑦ 工作频段灵活：ZigBee 使用的频段分别为 2.4GHz（全球）、868MHz（欧洲）及 915 MHz（美国），均为免授权频段。

4．ZigBee 的网络拓扑结构

ZigBee 的体系结构以开放系统互联（Open Systems Interconnection，OSI）7 层模型为基础，但它只定义了和实际应用功能相关的层，如图 3-8 所示。它采用了 IEEE 802.15.4-2003 标准制定的两个层：物理层和媒体接入控制层作为 ZigBee 协议的物理层和媒体访问控制层，ZigBee 联盟在此基础之上建立了它的网络层和应用层框架。

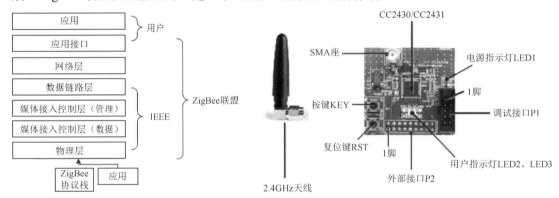

图 3-8　ZigBee 体系结构及模块示意图

利用 ZigBee 技术组成的无线个域网（Wireless Personal Area Network，WPAN）是一种 LR-WPAN。LR-WPAN 中可同时存在两种不同类型的设备：一种是具有完整功能的设备（Full Function Device，FFD）；另一种是具有简化功能的设备（Reduced Function Device，RFD）。

LR-WPAN 采用主从结构，一个网络由一个协调器（Coordinator）和最多可达 65535 个从设备组成。协调器必须是 FFD，它负责管理和维护网络，包括路由、安全性、节点的附着与离开等。一个网络只需要一个协调器，其他终端设备可以是 RFD，也可以是 FFD。一个网络中要求至少有一个 FFD 作为 PAN（Personal Area Network，个人域网）主协调器。

在网络中，FFD 通常有 3 种工作状态：①作为 PAN 主协调器；②作为一个协调器；③作为一个终端设备。一个 FFD 可以同时和多个 RFD 或多个其他的 FFD 通信，而对于一个 RFD 来说，它只能和一个 FFD 通信。RFD 的应用非常简单、容易实现，就好像一个电灯的开关或者一个红外线传感器，由于 RFD 不需要发送大量的数据，并且一次只能和一个 FFD 连接通信，因此，RFD 仅需要使用较少的资源和较小的存储空间，其占用的存储空间仅约为

4 KB，RFD 的价格要比 FFD 低得多，因此网络的整体成本比较低。这样，就可以非常容易地组建一个低成本和低功耗的无线通信网络，ZigBee 非常适合有大量终端设备的网络，如传感器网络、楼宇自动化等。

这种 LR-WPAN 的结构简单、成本低廉，具有有限的功率和灵活的吞吐量。LR-WPAN 的主要目标是实现安装容易、数据传输可靠、短距离通信、低成本及低功耗，并拥有一个简单而灵活的通信网络协议。

5. ZigBee 协议模型

ZigBee 协议模型如图 3-9 所示。

图 3-9　ZigBee 协议模型

（1）物理层。

物理层的特征是启动和关闭无线收发器、信道能量检测、链路质量指示、信道选择、清除信道评估（CCA），以及通过物理媒体对数据包进行发送和接收。

① ZigBee 的工作频段。

众所周知，蓝牙技术在世界多数国家都采用统一的频段，即 2.4GHz 的 ISM 频段，调制采用快速跳频扩频技术。而 ZigBee 不同，不同的国家和地区为其提供的工作频段不同，ZigBee 所使用的工作频段主要为 868MHz、915MHz 和 2.4GHz 频段，各个频段的频率范围如表 3-2 所示。

由于各个国家和地区采用的工作频段不同，为提高数据传输速率，IEEE 802.15.4 标准对于不同的频段，规定了不同的调制方式，因而在不同的工作频段上，其数据传输速率也不同。

表 3-2　各个频段的频率范围

频段	频率范围/MHz	频段类型	国家和地区
868MHz	868～868.6	ISM	欧洲
9.5MHz	902～928	ISM	美国
2.4GHz	2400～2483.5	ISM	全球

通常情况下，ZigBee 不能同时兼容这 3 个工作频段，在选择 ZigBee 设备时，应根据当地无线电管理委员会的规定，购买符合当地所允许使用频段条件的设备，我国规定 ZigBee 的工作频段为 2.4 GHz。

② 发射功率。

ZigBee 的发射功率有严格的限制，其最大发射功率应该遵守所在国家制定的规范，通常情况下，ZigBee 的发射功率为 0～+10dBm，通信距离通常为 10 m，可扩大到约 300 m，其发射功率可根据需要，通过设置相应的服务原语进行控制。

（2）媒体访问控制层。

媒体访问控制层提供了两种类型的服务：通过媒体访问控制层管理实体服务接入点（MLME SAP）向媒体访问控制层数据和媒体访问控制层管理提供服务。媒体访问控制层数据服务可以通过物理层数据服务发送和接收媒体访问控制层协议数据单元（MPDU）。

媒体访问控制层的具体特征：信标管理、信道接入、时隙管理、发送确认帧、发送连接及断开连接请求。除此之外，媒体访问控制层还为应用合适的安全机制提供了一些方法。

（3）网络层。

ZigBee 网络层（安全层）主要用于 ZigBee 的 LR-WPAN 组网连接、数据管理及网络安全等。

ZigBee 网络层的主要功能包括设备连接和断开网络时所采用的机制，以及在帧信息传输过程中所采用的安全性机制。此外，还包括设备之间的路由发现、路由维护和转交。并且，网络层还完成对一跳（One Hop）邻居设备的发现和相关节点信息的存储。一个 ZigBee 协调器（ZigBee Coordinator）创建一个新的网络，为新加入的设备分配短地址等。

ZigBee 网络层支持星型、树型和网状拓扑结构。在星型拓扑结构中，整个网络由一个称为 ZigBee 协调器的设备来控制。ZigBee 协调器负责发起和维持网络正常工作，保持与网络终端设备通信。在网状和树型拓扑结构中，ZigBee 协调器负责启动网络及选择关键的网络参数，同时可以使用路由器来扩展网络结构。在树型网络中，路由器采用分级路由策略来传送数据和控制信息。树型网络可以采用基于信标的方式进行通信。在网状网络中，设备之间使用完全对等的通信方式，路由器不发送通信信标。

（4）应用层。

ZigBee 应用层包括：应用支持层、ZigBee 设备对象、应用程序框架。

应用支持层的功能包括维持绑定表及在绑定的设备之间传送消息。所谓绑定，就是基于两台设备的服务和需求将它们相匹配地连接起来。

ZigBee 设备对象的功能包括定义设备在网络中的角色（ZigBee 协调器或终端设备），发起或响应绑定请求，在网络设备之间建立安全机制。ZigBee 设备对象还负责发现网络中的设备，并且决定向它们提供哪种应用服务。

应用程序框架主要为 ZigBee 的实际应用提供一些应用框架模型等，以便实现对 ZigBee 技术的开发应用。在不同的应用场景下，其应用框架不同。从目前来看，不同厂商提供的应用框架是有差异的，应根据具体应用情况和所选择的产品来综合考虑其应用框架结构。

3.1.4 UWB 技术

近年来，超宽带（Ultra-WideBand，UWB）无线通信成为短距离、高速无线网络最热门的物理层技术之一，它利用超宽带的无线电波进行高速无线通信。超宽带的传输把调制信息的过程放在一个非常宽的频段上进行，而且以这一过程所持续的时间来决定带宽所占据的频率范围。

1. UWB 的产生与发展

在 1989 年之前，UWB 这一术语并不常用，在信号的带宽和频谱结构方面也没有明确的规定。1989 年，美国国防部高级研究计划局（DARPA）首先采用 UWB 这一术语，并规定：若信号在-20dB 处的绝对带宽大于 1.5GHz 或相对带宽大于 25%，则该信号为超宽带信号。此后，UWB 这个术语就被沿用下来。为探索 UWB 应用于民用领域的可行性，自 1998 年起，美国联邦通信委员会（FCC）开始在产业界广泛征求意见，美国 NTIA 等通信团体对此提交了 800 多份意见书。

2002 年 2 月，FCC 批准 UWB 进入民用领域，并对 UWB 重新进行了定义，规定 UWB 信号为相对带宽大于 20%或在-10dB 处的绝对带宽大于 500MHz 的无线电信号。UWB 系统的具体应用可分为成像系统、车载雷达系统、通信与测量系统 3 大类。根据 FCC Part 15 的规定，UWB 系统可使用的频段为 3.1～10.6GHz。为保护现有系统（GPRS、移动蜂窝系统、WLAN 等）不被 UWB 系统干扰，针对室内、室外不同应用，对 UWB 系统的辐射谱密度进行了严格限制，规定 UWB 系统的最高辐射谱密度为-41.3dBm/MHz。当前，人们所说的 UWB 是指 FCC 给出的新定义。

自 2002 年起至今，新技术和系统方案不断涌现，在产品方面，Time-Domain、XSI、Freescale、Intel 等公司纷纷推出 UWB 芯片组，UWB 天线技术也日趋成熟。当前，UWB 技术已成为短距离、高速无线连接最具竞争力的网络层技术。IEEE 已经将 UWB 纳入其 IEEE 802 系列无线标准，正在加紧制定基于 UWB 的高速 WPAN 标准 IEEE 802.15.3a 和 LR-WPAN 标准 IEEE 802.15.4a。以 Intel 公司为首的无线 USB 促进组织制定的基于 UWB 的 WUSB 2.0 标准即将出台。无线 1393 联盟也在加紧制定基于 UWB 的无线标准。可以预见，在未来的几年中，UWB 将成为在 WPAN、无线家庭网络、无线传感器网络等短距离无线通信网络中占据主导地位的物理层技术之一。

2. UWB 的应用

同一个 UWB 设备可以实现通信、雷达和定位三大功能，因此 UWB 有很多应用。目前，UWB 主要应用于通信、雷达和精确定位等领域。在通信领域，UWB 可以提供高速的无线通信。在雷达领域，UWB 雷达具有高分辨率，当前的隐身技术采用的是隐身涂料和隐身特殊结构，但都只在一个不大的频段内有效，在超宽带内，目标就会原形毕露。另外，UWB 信号具有很强的穿透能力，能穿透树叶、土地、混凝土、水体等介质。在精确定位领域，UWB 可以提供很高的定位精度，使用极微弱的同步脉冲可以辨别出隐藏的物体或墙体后运动着的物体，定位的误差只有 1～2cm。

目前，与 UWB 相关的潜在应用领域包括以下几个方面。

（1）UWB 在 PAN 中的应用。

UWB 可以在限定的范围（如 4m）内以很高的数据传输速率（如 480Mbit/s）、很低的功率（200μW）传输信息，其比蓝牙的性能好很多。UWB 能够提供快速的无线外设访问来传输照片、视频，因此 UWB 特别适合用于 PAN。通过 UWB 可以在家里和办公室里方便地以无线的方式将摄像机中的内容下载到计算机进行编辑，然后送到 TV 中浏览，轻松地以无线的方式实现 PDA、手机与计算机之间的数据同步,装载游戏和音频/视频文件到 PDA,使音频文件在 MP3 播放器与多媒体计算机之间传送等，如图 3-10 所示。

（2）UWB 在智能交通信息中的应用。

由于 UWB 可以实现 100～500Mbit/s 的数据传输速率，所以可以利用 UWB 建立智能交通管理系统，由若干站台装置和车载装置组成无线通信网，两种装置之间利用 UWB 进行通信，实现各种功能。

例如，将公路上的信息（路况、建筑物、天气预报等）发送给路过汽车内的司机，从而使行车更加安全、方便，也可实现不停车的自动收费、对汽车的定位搜索和速度测量等，如图 3-11 所示。

利用 UWB 的定位和搜索能力，可以制造出防碰撞和防障碍物的雷达，装载了这种雷达的汽车会非常容易驾驶。当汽车的前方、后方、侧方有障碍物时，该雷达会提醒司机，在停车的时候，这种基于 UWB 的雷达是司机强有力的助手。

（3）UWB 在无线传感器网络中的应用。

根据 UWB 低成本、低功耗的特点，可以将 UWB 应用于无线传感器网络。在大多数的应用中，传感器被用在特定的场所，传感器通过无线的方式而不是有线的方式传输数据特别方便。作为无线传感器网络的通信技术，它必须是低成本的；同时它应该是低功耗的，以免频繁地更换电池。UWB 是无线传感器网络通信技术最合适的候选者。

图 3-10　利用 UWB 构造智能家庭网络

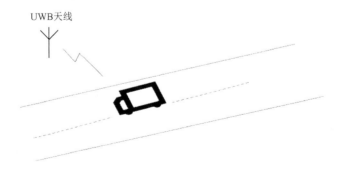

图 3-11　利用 UWB 实现公路信息服务

（4）UWB 在成像系统中的应用。

由于 UWB 具有良好的穿透墙、楼层的能力，所以 UWB 可以应用于成像系统。利用 UWB 技术，可以制造出穿墙雷达、穿地雷达。穿墙雷达可以用在战场上和警察的防暴行动中，定位墙后和角落的敌人；穿地雷达可以用来探测矿产，在地震或其他灾难发生后搜寻幸存者。基于 UWB 的成像系统也可以用于避免使用 X 射线的医学系统。

（5）UWB 在军事中的应用。

在军事方面，UWB 可用来实现战术/战略无线多跳网络电台，服务于战场自组织网络通信；也可用来实现非视距 UWB 电台，完成海军舰艇通信；还可以用于飞机内部通信，如有效取代含有电缆的头盔。图 3-12 所示为空中防撞预警系统及空中飞行器与地面的 UWB 数据传输示意图。

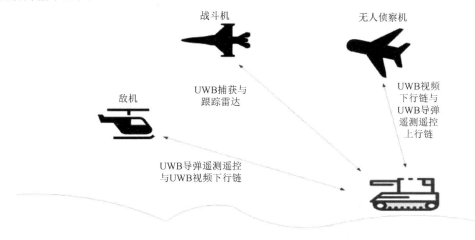

图 3-12　空中防撞预警系统及空中飞行器与地面的 UWB 数据传输示意图

基于 UWB 的潜在应用很多，可以相信，随着对 UWB 的深入研究，UWB 的应用潜力会不断得到激发。

3. UWB 的特点

UWB 系统相对于窄带通信系统有许多明显的优势，其特点如下。

（1）带宽极宽，数据传输速率高。

UWB 工作频率在 3.1～10.6GHz 之间，使用的带宽在 1 GHz 以上，高达几吉赫兹，系统容量大，其数据传输速率一般可以达到几十到几百兆比特每秒，有望高于蓝牙 100 倍，也可高于 Wi-Fi 和 Wi-Fi2。

（2）抗干扰性能好。

一方面，UWB 系统采用跳时扩频信号，使系统具有较大的处理增益。在发射信号时，将微弱的无线电脉冲信号分散在极宽的频段中，输出功率甚至低于普通设备产生的噪声功率。在接收信号时，将信号能量还原出来，在解扩过程中产生扩频增益。在同等码速条件下，UWB 系统比 IEEE 802.11a、IEEE 802.11b 和蓝牙的抗干扰性能更好。

另一方面，UWB 系统采用跳时序列，能够抗多径衰落。其每次发射脉冲的时间很短，在反射波到达之前，直射波的发射和接收已经完成，因此，反射波与直射波重叠并导致信号衰落的概率非常小。

（3）耗电少，设备成本低。

因 UWB 不使用载波，只发出瞬时脉冲电波，即直接按照"0"或"1"发送出去，并且只有在需要时才发送瞬时脉冲电波，不需要混频器和本地振荡器、功率放大器等，所以耗电少，设备成本低。

（4）保密性好。

UWB 系统采用跳时扩频信号，接收机只有在已知发送端扩频码的情况下，才能解出发射数据，而且系统的发射功率谱密度极低，传统的接收机无法接收，所以 UWB 系统的保密性非常好。

（5）发射功率非常小。

UWB 设备用小于 1mW 的发射功率就能实现通信，低发射功率大大延长了电池的持续工作时间。而且由于其发射功率小，电磁波辐射对人体的影响和对其他无线通信系统的干扰都很小。

（6）UWB 的主要问题。

UWB 的主要问题是系统占用的带宽很大，可能会干扰现有的其他无线通信系统。

另外，虽然 UWB 系统的平均发射功率很低，但由于它的脉冲持续时间很短，其瞬时峰值功率可能会很大，这可能会影响到民航等系统的正常工作。

3.1.5 典型短距离无线通信技术对比

目前发展比较成熟的几人短距离无线通信技术主要有前面介绍的 Wi-Fi 技术、蓝牙技术、ZigBee 技术、UWB 技术，这几种通信技术或着眼于距离的扩充性，或符合某些单一应用的特殊要求，或建立竞争技术的差异优化等，但没有一种技术完美到可以满足所有的要求。表 3-3 所示为几种常用短距离通信技术的对比。

表 3-3　几种常用短距离通信技术的对比

技术名称	Wi-Fi 技术	蓝牙技术	ZigBee 技术	UWB 技术
系统资源	1MB+	250KB+	4～32KB	较大
网络大小	32	7	225/65000	100 左右
数据传输速率（kbit/s）	11000+	723.1+	20～250	最高达 10^6
传输距离（m）	1～100	1～10+	1～100+	$10～50×10^3$
电池寿命（天）	0.5～5	1～7	100～1000+	大于 100
特点	速度快、灵活性强	价格便宜、方便	可靠、功耗极低、价格便宜	成本低、功耗超低（小于 1mW）
应用重点	Web、E-mail、图像	电缆替代品	监测和控制	定位、成像、军事

➡ 任务实施

请画出常用短距离无线通信技术的思维导图，并举一个短距离无线通信技术的应用案例进行说明。

➡ 任务评价

本任务的任务评价表如表 3-4 所示。

表3-4　任务1的任务评价表

评估细则	分值（分）	得分（分）
思维导图全面、精准	40	
短距离无线通信应用案例典型、恰当	20	
叙述条理性强、表达准确	15	
语言浅显易懂	15	
对方能理解、接受你的叙述	10	

任务2　典型长距离无线通信技术

→ 任务描述

小王在学习了物联网中的短距离无线通信技术基本知识后，经常考虑一件事，有些物联网中的设备相距非常遥远，该如何通信呢？例如，当重庆的用户去北京出差，通过什么样的通信方式能知道家里面设备的工作情况呢？老师对小王的持续思考能力表示赞许，并告诉他，这些都属于本任务我们要学习的知识——长距离无线通信技术。

→ 任务目标

随着智慧城市、大数据、物联网时代的到来，无线通信将实现万物连接，预计未来全球物联网连接数将达到千亿级别。为满足越来越多远距离物联网设备的连接需求，需要用到长距离无线通信技术，蜂窝移动通信网的发展及低功耗广域网（Low Power Wide Area Network，LPWAN）的出现为物联网的应用提供了便捷的路径。在本任务中，我们将学习移动通信技术、LPWAN技术。

知识目标

◇ 了解长距离无线通信技术的概念
◇ 理解长距离无线通信技术的应用领域
◇ 理解短距离无线通信技术和长距离无线通信技术的关系

能力目标

◇ 能发现生活中长距离无线通信技术的应用
◇ 能够解释长距离无线通信的工作原理
◇ 能够辨别物联网与各种网络在应用上的区别与联系

素质目标

◇ 树立主动观察的意识
◇ 培养独立思考的能力

◇ 培养积极沟通的习惯
◇ 培养团队合作精神
◇ 激发科技兴国的爱国热情
◇ 激发科技报国的爱国情怀

➡ 知识准备

引导案例——智能家居中的长距离无线通信技术

如图 3-13 所示，智能家居中有许多设备，这些设备有些需要短距离控制，有些需要长距离控制，本章任务 1 中介绍了物联网中的短距离无线通信技术；在本任务中，我们将学习典型的长距离无线通信技术及其在物联网中的应用。

图 3-13　智能家居

3.2.1　移动通信技术

移动通信指通信双方或至少一方处于移动状态进行信息交流的通信。例如，固定体与移动体（汽车、轮船、飞机等）之间的通信，移动体与移动体之间的通信。这里所说的信息交换，不仅指语音通信，还包括数据、传真、图像、视频等通信业务。

1. 移动通信的特点

移动通信具有以下特点。

（1）无线电波的传播条件恶劣，多径效应及信号衰落明显。

（2）存在多普勒频移现象。

多普勒频移是指当移动台以恒定的速率沿某一方向移动时，由于传播路程差的原因，会造成相位和频率的变化，通常将这种变化称为多普勒频移。移动台的移动速度越快，无线电波的入射角越小，多普勒频移就越严重。

（3）在强干扰情况下工作。主要干扰有人为干扰、互调干扰、邻道干扰、同频干扰等。

（4）采用各种频谱和无线信道有效利用技术，如压缩频段、缩小信道间隔、多信道共用等。

（5）采用越区切换及漫游访问等跟踪交换技术。

（6）移动台需体积小、轻便、低功耗和操作方便。同时，需在震动、高温、低温等恶劣的环境条件下能稳定、可靠地工作。

2. 移动通信系统的分类

移动通信系统的类型很多，可按不同方法进行划分。

按使用对象划分，移动通信系统可分为军用、民用；按用途和区域划分，移动通信系统可分为陆上、海上、空间；按经营方式划分，移动通信系统可分为公众网、专用网；按通信网的制式划分，移动通信系统可分为小容量的大区制、大容量的小区制；按信号性质划分，移动通信系统可分为模拟、数字；按调制方式划分，移动通信系统可分为调频、调相、调幅等；按多址连接方式划分，移动通信系统可分为频分多址（FDMA）、时分多址（TDMA）、码分多址（CDMA）；按无线电信道工作方式划分，移动通信系统可分为单工制、半双工制、全双工制。

单工制指数据传输只支持单方向的传输，如只接收信号或者命令，不发出信号。其实际应用有广播电台；特殊训练的场景，如部队训练、军事演习、调度等通话相对少而简练的场景；数据收集系统，如气象数据的收集、电话费的集中计算等。

半双工制指数据传输支持双方向的传输，但是不能同时进行双向传输，在同一时刻，某一端只能进行发送或者接收。其典型应用为对讲机，由于对讲机传送及接收使用相同的频率，数据传输不允许同时进行，因此一方讲完后，需设法告知另一方讲话结束（如讲完后加上"Over"），另一方才知道可以开始讲话。

全双工制指收发双方采用一对频率，使基站、移动台同时工作。这种方式操作方便，但电能消耗大，模拟或数字的蜂窝移动电话系统都采用双工制。

在移动通信系统中，许多用户都要同时通过一个基站和其他用户进行通信，因此，必须给不同用户台和基站发出的信号赋予不同特征，使基站能从众多用户台的信号中区分出哪一个是该用户台发出来的信号，而该用户台也能识别出基站发出的信号中哪个是发给自己的信号，解决这个问题的办法称为多址技术。多址技术使众多的用户能够共用公共的通信线路。为使信号多路化而实现多址的方法基本上有三种，它们分别为采用频率、时间或编码分隔的多址方式，即人们通常所称的 FDMA、TDMA 和 CDMA 三种接入方式。图 3-14 展示了这三种多址技术的概念。

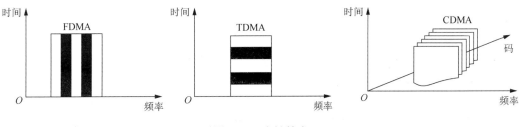

图 3-14　多址技术

模拟蜂窝移动通信网采用 FDMA 方式，而数字蜂窝移动通信网主要采用 TDMA 方式。

另外，还有上述三种基本方式的混合多址方式，如 TDMA/FDMA、CDMA/FDMA 等。下面就三种多址技术的基本原理进行分析。

FDMA 是以不同的频道实现通信的，把通信系统的总频段划分成若干个等间隔的频道（或称信道）分配给不同的用户使用。这些频道互不交叠，其宽度应能传输一路语音信息，而相邻频道之间无明显的串扰。

TDMA 是以不同的时隙实现通信的，把时间分割成周期性的帧，每一帧再分割成若干个时隙（无论是帧还是时隙，都互不重叠），然后根据一定的时隙分配原则，使各移动台在每帧内只能按指定的时隙向基站发送信号，在满足定时和同步的条件下，基站可以分别在各个时隙内接收到各移动台的信号而不混扰。

同时，基站向多个移动台发送的信号都按顺序安排在预定的时隙内传输，各移动台只要在指定的时隙内接收，就能在合路的信号中把发给它的信号区分出来。

CDMA 是以不同的码序列实现通信的，不同的移动台使用同一频率，每一个移动台被分配一个独特的随机码序列，与其他移动台的码序列不同，即彼此是不相关的或相关性很小，以便区分不同移动台，在这样一个频道中，可容纳比 TDMA 还要多的用户。

3．移动通信的发展

移动无线电话在 20 世纪早期偶尔被海军和海洋部门用于通信；在 20 世纪 60 年代，改进型移动电话系统（Improved Mobile Telephone System，IMTS）开始安装；在 20 世纪 80 年代，移动通信开始盛行。到现在为止，移动通信已经经历了从模拟时代到数字时代的演进，其发展大致可分为第一代移动通信系统、第二代移动通信系统（2G）、第三代移动通信系统（3G）、第四代移动通信系统（4G）和第五代移动通信系统（5G）。

（1）模拟时代——第一代移动通信系统。

第一代移动通信系统属于模拟移动通信系统，如 AMPS 和 TACS 系统。它主要采用 FDMA 技术，由于模拟移动通信系统的容量小、安全性差，只支持语音业务，不支持数据业务，再加上 FDMA 技术浪费带宽，所以模拟移动通信系统的使用时间不长。在我国，模拟移动通信系统于 1987 年 11 月开始运营，2001 年 12 月底全网关闭。

模拟移动通信系统的不足之处还体现在下列四个方面。

① 系统制式复杂，不易实现国际漫游。

② 模拟移动通信系统的设备价格昂贵，手机体积大，电池充电后有效工作时间短，一般只能持续工作 8 小时，给用户带来不便。

③ 模拟移动通信系统的用户容量受限制，在人口密度很大的城市，系统扩容困难。

解决上述问题最有效的办法就是采用一种新技术，即移动通信系统的数字化，称为数字移动通信系统。

（2）数字时代——2G。

2G 属于数字移动通信系统，它主要采用 TDMA 技术或 CDMA 技术，如中国移动的 GSM 网络和中国联通的窄带 CDMA 网络。

GSM 技术由欧洲移动通信特别小组提出，CDMA 技术由美国提出。CDMA 技术最早被军用设备所采用，可直接扩频和抗干扰性强是其突出的特点。除了语音业务，2G 还可以传输低速的数据业务。随着各种增值业务的不断增长，GSM 取得了空前的成功。

数字移动通信系统有以下特点。

① 能更有效地利用频率资源，声音信号压缩算法可减少语音传输所需的信道带宽。

② 提高了保密性，数字调制是在信息本身编码后进行的，故容易进行加密。

（3）3G——第三代移动通信系统。

随着通信业务种类和数量需求的剧增，业务类型主要限于语音和低速数据的第二代移动通信系统已经不能满足需要，因此，ITU 提出了大容量、高速率、全方位的 3G 的概念，3G 的主要特点如下。

① 具有世界范围内高度共同的设计。

② 具有高速和多种速率传输能力，广域覆盖下的速率达 384 kbit/s，本地覆盖下的速率达 2048 kbit/s。

③ 具有多媒体应用能力、多种业务能力和多种终端。

④ 能实现全球覆盖和全球无缝漫游。

⑤ 具有较高的频谱利用率。

⑥ 具有较高的服务质量。

⑦ 具有很高的兼容性、灵活性和安全性。

⑧ 具有突出的个性化服务。

3G 除要进一步提高语音质量外，更要满足日益增长的数据通信、视频传输、个性化服务等的需求，因此提高数据传输速率是其最关键的环节。ITU 公开的 3G 标准有 3 个：欧洲和日本共同提出的 WCDMA，美国以高通公司为代表提出的 CDMA 2000 及中国以大唐电信集团为代表提出的 TD-SCDMA。这些标准在核心网中都采用分组交换方式及 CDMA 技术解决无线端口问题。3G 于 2009 年在我国成功商用。

（4）4G——第四代移动通信系统。

根据 ITU 的定义，4G 是基于 IP 协议的高速蜂窝移动通信网，由 3G 演进而来，在移动状态下数据传输速率可达 100Mbit/s，在静态和慢移动状态下数据传输速率可达 1Gbit/s。4G 的数据传输速率高，支持各种数据、语音业务，采用全 IP 技术，融合更多的协议和新技术。

2012 年 1 月 18 日，ITU-R 正式审核通过 4G（IMT-Advanced）标准，包括 3G 的演进技术 LTE-Advanced 及 WiMax 的演进技术 WirelessMAN-Advanced（802.16m）。

2013 年 12 月，我国正式发放了 4G 的 TDD-LTE 牌照，4G 进入商用时代。

（5）5G——第五代移动通信系统。

到了 4G 时代，移动通信系统的发展演进路径就已经出现了两大分支，覆盖更多应用场景：一条分支是大流量、高速率、高速移动的宽带时代；另一条分支是小数据、广覆盖、大容量的物联网时代。

因此，为了适应未来移动通信用户数即网络容量的极大增长，以及满足巨大的物联网业务需求和超高的数据传输速率的要求，除移动通信网络架构的演进外，5G 还从提升频谱效率、扩展工作频段、增加网络密度 3 个维度来演进。

2022 年，5G R17 标准宣布冻结。我国于 2018 年具备初期试商用 5G 网络部署能力，2019 年底正式发放 5G 牌照，2020 年正式商用 5G，进入 5G 时代。

4．2G 概述

1）GSM

欧洲各国为了建立全欧洲统一的数字蜂窝移动通信系统，在 1982 年成立了欧洲移动通信特别小组（GSM），1988 年制定出 GSM 标准，并于 1991 年率先将 GSM 投入商用，随后 GSM 在整个欧洲、大洋洲及其他许多国家和地区得到了广泛普及，一度成为世界上覆盖面积最大、用户数最多的蜂窝移动通信系统，曾占据全球移动通信市场 80%以上的份额。

（1）GSM 的无线参数。

① 工作频段。

GSM 使用 900MHz、1800MHz 两个频段构成"双频"网络，其工作频段的基本信息如表 3-5 所示。在我国，上述两个频段被分给了中国移动和中国联通两家运营商。

表 3-5　GSM 工作频段的基本信息

	900MHz 频段	1800MHz 频段
频率范围	890～915MHz（移动台发，基站收） 925～960MHz（移动台收，基站发）	1710～1785MHz（移动台发，基站收） 1805～1880MHz（移动台收，基站发）
带宽	25MHz	75MHz
信道带宽	200kHz	200kHz
频道序号	1～124	512～885
中心频率	$f_U = 890.2 + (N-1) \times 0.2\text{MHz}$ $f_D = f_U + 45\text{MHz}$ $N = 1 \sim 124$	$f_U = 1710.2 + (N-512) \times 0.2\text{MHz}$ $f_D = f_U + 95\text{MHz}$ $N = 512 \sim 885$

② GSM 多址方式。

GSM 采用 TDMA/FDMA、频分双工（TDMA/FDMA/FDD）制式，移动台在特定的频率上和特定的时隙内，以突发方式向基站传输信息，基站在相应的频率上和相应的时隙内，以时分复用的方式向各个移动台传输信息。

③ 频率配置。

GSM 多采用 4 无线小区 3 扇区（4×3）的频率配置和频率复用方案，如图 3-15 所示，即把所有可用频率分成 4 大组 12 个小组，分配给 4 个无线小区，从而形成一个单位无线区群，每个无线小区又分为 3 个扇区，然后由单位无线区群彼此邻接，覆盖整个服务区域。

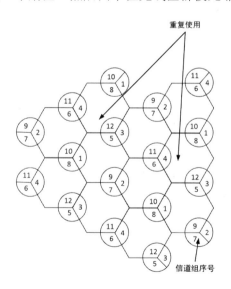

图 3-15　4×3 频率复用方案

（2）GSM 结构。

GSM 的主要组成部分为移动台（MS）、基站子系统（BSS）和网络子系统（NSS），如图 3-16 所示。

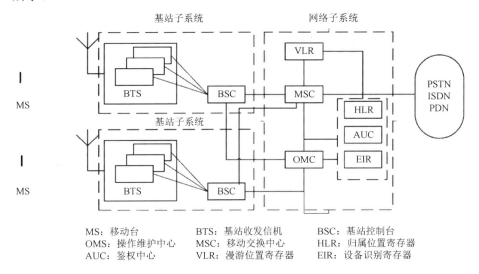

MS：移动台   BTS：基站收发信机   BSC：基站控制台
OMS：操作维护中心   MSC：移动交换中心   HLR：归属位置寄存器
AUC：鉴权中心   VLR：漫游位置寄存器   EIR：设备识别寄存器

图 3-16 GSM 的结构示意图

① 移动台。

移动台即便携台（手机）或车载台，它包括移动终端（MT）和用户识别模块（SIM 卡）两部分，其中移动终端可完成语音编码、信道编码、信息加密、信息调制和解调，以及信息发射和接收等；SIM 卡则存有确认用户身份所需的认证信息，以及与网络、用户有关的管理数据。只有插入 SIM 卡后，移动终端才能入网。

② 基站子系统。

基站子系统包括基站收发信机（BTS）和基站控制器（BSC）。该子系统由移动交换中心（MSC）控制，通过无线信道完成与移动台的通信，主要负责无线信号的收发及无线资源管理等。

基站收发信机： 基站收发信机包括无线传输所需要的各种硬件和软件，如多部收发信机、支持各种小区结构（全向、扇形等）所需要的天线，连接基站控制器的接口电路，以及收发信机本身所需要的检测和控制装置等。它实现对服务区的无线覆盖，并在基站控制器的控制下提供足够的与移动台连接的无线信道。

基站控制器： 基站控制器是基站收发信机和移动交换中心之间的连接点，也为基站收发信机和操作维护中心（OMC）之间的信息交换提供接口。一个基站控制器通常控制几个基站收发信机，完成无线网络资源管理、小区配置数据管理、功率控制、呼叫、通信链路的建立和拆除、本控制区内移动台的过区切换控制等。

③ 网络子系统。

网络子系统由移动交换中心、操作维护中心、归属位置寄存器（HLR）、漫游位置寄存器（VLR）、鉴权中心（AUC）和设备识别寄存器（EIR）组成。

网络子系统主要实现交换功能及用户数据与移动管理、安全管理等所需的数据库功能。

移动交换中心： 移动交换中心是蜂窝移动通信网络的核心，主要功能是对位于其控制区域内的移动用户进行通信控制、语音交换和管理，同时为本系统连接别的移动交换中心和其他公用通信网络（如公用电话交换网）提供链路接口，实现交换功能、计费功能、网络接口功能、无线资源管理与移动性能管理功能等。具体包括信道的管理和分配，呼叫的处理和控制，越区切换和漫游的控制，用户位置信息的登记与管理，用户号码、移动设备号码的登记和管理，服务类型的控制，对用户实施鉴权，保证用户在转移或漫游的过程中获得无间隙的服务等。

归属位置寄存器：它是 GSM 的中央数据库，存储着该归属位置寄存器控制区内所有移动用户的管理信息，如用户的注册信息和各用户当前所处位置的有关信息等。每一个用户都应在入网所在地的归属位置寄存器中登记注册。

漫游位置寄存器：漫游位置寄存器是一个动态数据库，记录着当前进入其服务区内已登记的移动用户的相关信息，如用户号码、所处位置区域信息等。一旦移动用户离开该漫游位置寄存器服务区而在另一个漫游位置寄存器服务区中重新登记，该移动用户的相关信息即被删除。

鉴权中心：鉴权中心存储着鉴权算法和加密密钥，在确定移动用户身份和对呼叫进行鉴权、加密处理时，提供所需的 3 个参数（随机号码 RAND、符合响应 SRES、密钥 Kc），用来防止无权用户接入系统和保证通过无线接口接入系统的移动用户的通信安全。

设备识别寄存器：它也是一个数据库，用于存储移动设备的参数，主要实现对移动设备的识别、监视、闭锁等功能，以防止非法移动台的使用。

操作维护中心：操作维护中心用于对 GSM 的集中操作维护与管理，允许远程集中操作维护与管理，并支持高层网络管理中心（NMC）的接口。操作维护中心对基站子系统和网络子系统分别进行操作维护与管理，实现事件管理、告警管理、故障管理、性能管理、安全管理和配置管理功能。

（3）GPRS。

GPRS 由欧洲电信标准委员会（ETSI）推出。GPRS 在原 GSM 网络的基础上叠加了支持分组数据业务的网络，并对 GSM 无线网络设备进行了升级，为 GSM 向宽带移动通信系统 UMTS 的平滑过渡奠定了基础，因而 GPRS 又被称为 2.5G 系统。

GPRS 网络结构图如图 3-17 所示。

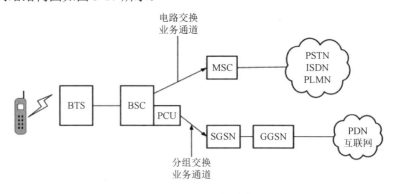

图 3-17　GPRS 网络结构图

GPRS 的核心网络采用了 IP 技术，是移动网和 IP 网的结合。其可提供固定 IP 网支持的所有业务，顺应了通信网络的分组化发展趋势；可与高速发展的互联网实现无缝连接，为 GSM 网络向 3G 演进打下了基础。

GPRS 网络是基于 GSM 网络实现分组数据业务的，与 GSM 网络相比，GPRS 网络新增或升级的设备有以下几种。

① GPRS 服务支持节点（SGSN）。

SGSN 的主要功能是对移动台进行鉴权、移动性管理和路由选择，建立移动台到 GPRS 网关支持节点（GGSN）的传输通道，接收基站子系统传送来的移动台分组数据包，通过 GPRS 骨干网将其传送给 GGSN 或进行反向操作，并进行计费和业务统计。

② GPRS 网关支持节点（GGSN）。

GGSN 主要起网关作用，与外部多种不同的数据网相连。对于外部网络来说，它就是一个路由器，因而也称其为 GPRS 路由器。GGSN 接收移动台发送的分组数据包并进行协议转换，从而把这些分组数据包传送到远端的 TCP/IP 网络或进行反向操作。另外，GGSN 还具有地址分配和计费等功能。

③ 分组控制单元（PCU）。

PCU 通常位于基站控制器中，用于处理分组数据业务，并将分组数据业务在基站控制器处从 GSM 语音业务中分离出来，在基站收发信机和 SGSN 之间传送。PCU 增加了分组功能，可控制无线链路，并允许多个用户占用同一无线资源。

④ 原 GSM 网络设备升级。

GPRS 网络使用原 GSM 基站，但基站要进行软件更新；GPRS 要增加新的移动性管理程序，通过路由器实现 GPRS 骨干网互联；GSM 要进行软件更新并增加新的 MAP 信令和 GPRS 信令等。

⑤ GPRS 终端。

GPRS 网络必须采用新的 GPRS 终端。GPRS 移动台有以下 3 种类型。

A 类——有同时提供 GPRS 服务和电路交换承载业务的能力，即在同一时间内既可进行 GSM 语音业务，又可以接收 GPRS 数据包。

B 类——可同时侦听 GPRS 和 GSM 的寻呼信息，同时附着于 GPRS 和 GSM，但同一时刻只能支持其中的一种业务。

C 类——要么支持 GSM 网络，要么支持 GPRS 网络，通过人工方式进行网络选择更换。GPRS 终端也可以做成计算机 PCMCIA 卡，用于移动互联网接入。

2）CDMA 系统

（1）CDMA 的无线特性。

① CDMA 的工作频段。

我国 CDMA 系统采用 800MHz AMPS 工作频段，频率范围为 825～835MHz（上行：移动台发，基站收），870～880MHz（下行：移动台收，基站发）。

② CDMA 的频率分配和多址方式。

CDMA 系统通常采用 1 小区频率复用模式，即相邻小区或扇区使用同一频道频率。从理论上讲，其频率利用率和系统容量可达到很高的水平，但由于功率控制不够理想和多址干扰的影响，实际系统容量仍是有限的。当 CDMA 系统的容量要求较大时，通常在 1 个小区或扇区中使用多个频道（载波），即采用 FDMA/CDMA 混合多址方式。

（2）CDMA 系统的特点。

① 频谱利用率高，系统容量较大。在使用相同频率资源的情况下，CDMA 系统的容量比模拟网络大 10 倍，比 GSM 大 4～5 倍。

② 通话质量好，其语音质量近似有线电话。GDMA 系统采用码激励线性预测（CELP）编码算法，其基础速率是 8kbit/s，可随输入语音的特征而动态地变为 4kbit/s、2kbit/s 或 0.8kbit/s。改进的增强型可变速率声码器（EVRC）能降低背景噪声，从而提高通话质量，特别适合在移动环境中使用。同时，CDMA 系统特有的频率分集、路径分集、软切换也大大提高了系统性能。

③ 抗多径衰落，利用 Rake 接收机将多径信号分离出来后再进行合并，从而获得更多的有用信号。

④ 具有"软容量"特性，系统配置灵活。在 CDMA 系统中，当系统中增加一个通话的用户时，所有用户的信噪比都略有下降，相当于背景噪声的增加。CDMA 系统的这种特征使系统容量与用户数之间存在一种"软"的关系，可在容量和语音质量之间折中，从而使系统容纳的用户数适当增加。

⑤ 抗干扰性强，保密性好。CDMA 系统利用扩频码的相关性来获取用户的信息，抗截获的能力强；通过增大信号传输带宽来降低对信噪比的要求，具有良好的抗干扰性。扩频码一般较长，如 IS-95 中以周期为 $2^{42}-1$ 的长码来实现扩频，难以对其进行窃听和检测。

⑥ 发射功率低，移动台的电池使用寿命长。由于在 CDMA 系统中可以采用许多特有的技术（分集技术、功率控制技术等）来提高系统的性能，因而大大降低了所要求的发射功率，有利于减小电池的体积和增加其使用寿命。

（3）CDMA 系统的关键技术。

① 功率控制技术。

CDMA 系统是自干扰系统，所有用户占用相同的频率和带宽，因此"远近效应"尤为突出，若不采取有力的措施，则将使基站无法正常接收远距离移动台发送来的信号。同时，从系统容量的角度考虑，如果每个移动台发送的信号到达基站时都能达到最小所需的信噪比，系统容量将达到最大。

CDMA 系统进行功率控制的目的是既要保持每个用户的高质量通信，又不对占用同一信道的其他用户产生不应有的干扰。在 IS-95 中，反向链路采用了控制速率达 800 次/秒，调整步长精确到 1dB 的快速闭环功率控制技术，而在 CDMA 2000 系统中则同时采用了快速前向及反向闭环功率控制技术，以进一步提高系统容量和通信质量。

② 伪随机码的选择。

伪随机码的自相关性和互相关性会直接影响系统容量、抗干扰能力、接入和切换速率等性能。CDMA 信道是以伪随机码来区分的，因此要求伪随机码自相关性好、互相关性差，实现和编码简单等。

在所有的伪随机序列中，m 序列是一种最重要、最基本的伪随机序列，它有近似最佳的自相关性，但同样长度的 m 序列个数有限，序列之间的互相关性不好。为此，R.Gold 提出了基于 m 序列的码序列，称为 Gold 序列。它有较好的自相关性和互相关性，构造简单，序列数多，因而获得了广泛的应用。寻找具有良好相关性的伪随机码一直是 CDMA 系统相关研究中的重点。

③ 软切换。

在 FDMA 和 TDMA 系统中，越区切换时采用先断后通的硬切换方式，势必会引起通信的短暂中断。同时，在两个小区的交叠区域内，移动台接收到两个基站发来的信号的强度有时会出现大小交替变化的现象，从而导致出现越区切换的"乒乓"效应，用户会听到"咔嚓"声，对通信产生不利的影响，切换时间也较长。

在 CDMA 系统中，所有的小区（或扇区）都使用相同的频率，因此在切换时可采用先连接后断开的软切换方式。当移动用户从一个小区（或扇区）移动到另一个小区（或扇区）时，只需在码序列上做相应的调整，而不需要切换移动台的收/发频率。利用 Rake 接收机的多路径接收能力，在切换前先与新小区（或扇区）建立新的通话连接，然后切断原来的连接。这种先通后断的软切换方式不会出现"乒乓"效应，并且切换时间也很短。另外，CDMA 系统的"软容量"特点使越区切换的成功率远大于 FDMA 系统和 TDMA 系统。

④ Rake 接收技术。

发射机发出的扩频信号在传输过程中受地形、地物影响，经多条路径到达接收机。CDMA 系统采用特有的 Rake 接收技术，将这些不同时延的信号分离出来，分别经不同时延线对齐后再合并，从而把多径信号变成了增强有用信号的有利因素，有效地克服了多径效应的影响。

⑤ 语音激活技术。

CDMA 系统中采用了语音激活技术，使用户发射机发射的功率根据用户语音编码器的输出速率来做调整。CDMA 系统的语音编码采用了可变速率声码器的速率（8kbit/s），当用户讲话时，声码器的输出速率高，发射机发射的平均功率就大；当用户不讲话时，声码器的输出速率很低，发射机发射的平均功率就很小。这样可以使各用户之间的干扰平均减少约 65%。也就是说，当系统容量较大时，采用语音激活技术可以使系统容量增加约 3 倍，但当系统容量较小时，系统容量的增加值就稍低。

⑥ 分集技术。

CDMA 系统采用了宽带传输，使它具有特有的频率分集特性，即当信道具有频率选择性衰落时，对系统的信息传输影响较小。同时，CDMA 系统具有分离多径的能力，实现了路径分集。另外，CDMA 系统还采用了空间分集和极化分集技术来提高系统性能。

5．3G 概述

（1）3G 发展简史。

3G 最初被命名为 FPLMTS（未来公共陆地移动通信系统），由 ITU TG8/1 在 1985 年提出，后在 1996 年被更名为 IMT-2000（International Mobile Telecommunications- 2000），IMT-2000 是 3G 的统称。

3G 的目标是世界范围内设计上的高度一致性，与固定网络各种业务相互兼容，具有高服务质量、全球漫游能力，以及支持多媒体功能及广泛业务的终端。

对第三代无线传输技术（RTT）提出的速率要求是在高速移动环境中至少达到 144kbit/s，在室外步行环境中至少达到 384kbit/s，在室内环境中至少达到 2Mbit/s，比现有系统的频谱效率更高等。

2000 年，ITU-T 完成了 IMT-2000 全部网络标准。

（2）3G 标准。

ITU-R 最终推荐的 3G 标准中包括 3 种 CDMA 标准，即 MC-CDMA（CDMA2000）、DS-CDMA（WCDMA）和 CDMA TDD（TD-SCDMA）。这 3 种标准的核心差异在于 RTT，即多址技术、调制技术、信道编码与交织、双工技术、物理信道结构与复用、帧结构、RF 信道参数等方面的差异。

WCDMA 由标准化组织 3GPP 制定，CDMA2000 是在 IS-95 标准基础上提出的 3G 标准，其标准化工作由 3GPP2 来完成，TD-SCDMA 标准由中国无线通信标准研究组 CWTS 提出，已经融合到了 3GPP 关于 WCDMA-TDD 的相关规范中。

（3）3G 频谱分配。

依据 ITU 对 IMT-2000 的频率划分和技术标准，以及我国无线电频率划分规定，结合我国无线电频谱使用的实际情况，我国对 IMT-2000 的频率规划如图 3-18 所示。

① 主要工作频段：

频分双工（FDD）方式：1920～1980MHz、2110～2170MHz，共 2×60MHz。

时分双工（TDD）方式：1880～1920MHz、2010～2025MHz，共 55MHz。

② 补充工作频段：

频分双工（FDD）方式：1755～1785MHz、1850～1880MHz，共 2×30MHz。

时分双工（TDD）方式：2300～2400MHz，与无线电定位业务共用，均为主要业务。

③ 卫星移动通信系统工作频段：1980～2010MHz、2170～2200MHz。

目前将已规划给 CDMA 系统的 825～835MHz/870～880MHz、885～915MHz/930～960MHz 和 1710～1755MHz/1805～1850MHz 频段，同时规划为 IMT-2000 FDD 方式的扩展频段，上、下行频率使用方式不变。

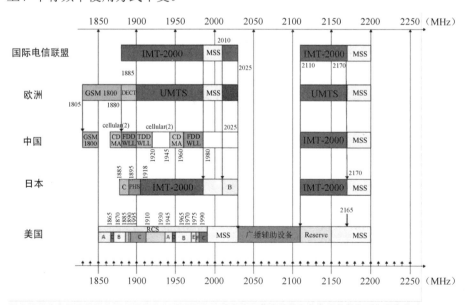

图 3-18　我国对 IMT-2000 的频率规划

（4）WCDMA。

WCDMA 由欧洲 ETSI 和日本 ARIB 提出，经多方融合而成，是在 GSM 基础上发展起来的一种技术，其核心网基于 GSM-MAP。支持这一标准的电信运营商、设备制造商形成了 3GPP 阵营。

　　① UMTS 系统。

　　采用 WCDMA 空中接口技术的 3G 通常被称为通用移动通信业务（UMTS）系统，它采用了与 2G 类似的结构，包括无线接入网（RAN）和核心网（CN）。其中 RAN 处理所有与无线有关的功能，而 CN 从逻辑上分为电路交换域（CS 域）和分组交换域（PS 域），处理 UMTS 系统内所有的语音呼叫和数据连接，并作为路由实现与外部网络的数据交换。通用电信无线接入网（UTRAN）、CN 和用户终端（UE）一起构成了整个 UMTS 系统。其系统结构与网络单元构成分别如图 3-19、图 3-20 所示。

图 3-19　UMTS 系统结构

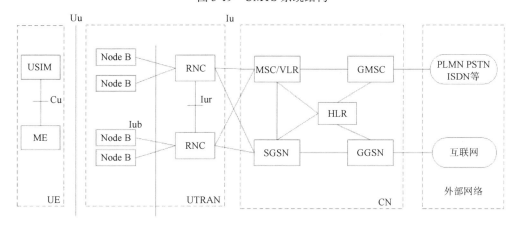

图 3-20　UMTS 网络单元构成

　　UMTS 网络单元的介绍如下。

　　UE 主要包括射频处理单元、基带处理单元、协议栈模块及应用层软件模块等。UE 通过 Uu 接口与网络设备进行数据交互，为用户提供电路交换域和分组交换域的各种业务功能。

　　UTRAN 分为基站（Node B）和无线网络控制器（RNC）两部分。Node B 是 WCDMA 的基站（无线收发信机），其在网络中的功能和作用类似于 GSM 中的基站收发信机；RNC 在网络中的功能和作用类似于 GSM 中的基站控制器。

　　CN 负责实现与其他网络的连接及对移动台通信的管理。它分成两个子系统：电路交换域和分组交换域。电路交换域设备是指为用户提供电路交换业务或提供相关信令连接的实体，电路交换域特有的实体包括 MSC、GMSC、VLR、IWF；分组交换域为用户提供分组交换业务，分组交换域特有的实体包括 SGSN 和 GGSN。其他设备，如 HLR（或 HSS）、AUC、EIR、智能网设备（SCP）等为电路交换域和分组交换域的共用设备。

② WCDMA 的技术特点。

a）高度的业务灵活性。WCDMA 允许每个 5MHz 载波提供从 8kbit/s 到 2Mbit/s 的混合业务。另外，在同一信道上既可进行电路交换业务，又可以进行分组交换业务，分组和电路交换业务可在不同的带宽内自由地混合，并可同时向同一用户提供。每个 WCDMA 终端能够同时接入多达 6 个不同业务，可以支持不同质量要求的业务（语音和分组数据等）并保证高质量的完美覆盖。

b）频谱效率高。WCDMA 能够高效利用可用的无线电频谱。由于它采用单小区复用模式，因此不需要进行频率规划。利用分层小区结构、自适应天线阵列和相干解调（双向）等技术，其网络容量可以得到大幅提高。

c）容量和覆盖范围大。WCDMA 射频收发信机能够处理的语音用户量是典型窄带收发信机的 8 倍。每个载波可同时处理 80 个语音呼叫，或者每个载波可同时处理 50 个互联网数据用户。在城市和郊区，WCDMA 的容量约是窄带 CDMA 的两倍。

d）网络规模的经济性好。通过在原有数字蜂窝移动通信网络（GSM 等）的基础上增加 WCDMA 无线接入网，同一核心网可被复用，并使用相同的站点。

e）卓越的语音能力。在 WCDMA 中，每个小区能够处理至少 192 个语音呼叫，而在 GSM 网络中，每个小区只能处理大约 100 个语音呼叫。

f）无缝的 GSM/WCDMA 接入。

g）快速业务接入。在移动用户和基站之间建立连接只需零点几毫秒。

h）从 GSM 平滑升级，技术成熟。

i）终端经济简单。

（5）TD-SCDMA。

TD-SCDMA 是时分同步码分多路访问的英文缩写，是由原中国无线通信标准研究组于 1999 年正式提出的，中国具有独立知识产权的新技术，被 ITU 正式批准为 3G 主要技术标准之一，是我国通信业发展的一个新的里程碑，它打破了国外厂商在专利、技术、市场方面的垄断格局，促进了民族移动通信产业的迅速发展。2006 年，TD-SCDMA 作为我国第一个 3G 标准被发布，随后开展规模网络技术应用试验；2007 年，由中国移动主导了涉及 10 个城市的大规模 TD-SCDMA 二期试验，并在 2008 年奥运会中得到了检验；2009 年 1 月 7 日，中国移动获得了 TD-SCDMA 运营牌照，开始大规模建设及商用。

同 WCDMA 一样，TD-SCDMA 的制定与演进也是在 3GPP 组织内进行的，并被纳入 3GPP 出版标准中，3GPP R4、3GPP R5、3GPP R6 等版本都包含了完整的 TD-SCDMA 无线接入技术。由于双工方式的差别，TD-SCDMA 的所有技术特点和优势得以在无线接口的物理层体现，即 TD-SCDMA 与 WCDMA 最主要的差别体现在无线接口物理层技术方面。在核心网方面，TD-SCDMA 与 WCDMA 采用完全相同的标准规范。这些共同之处不仅保证了两个系统之间无缝漫游、切换、业务支持的一致性，以及 QoS 等，还保证了 TD-SCDMA 和 WCDMA 在标准技术的后续演进上能够保持一致性。

在实际的标准制定与演进中，TD-SCDMA 具有鲜明的特征。它基于 GSM，其基本设计思想是使用较窄的带宽（1.2～1.6MHz）和较低的码片速率（不超过 1.35Mchip/s），利用同步 CDMA、软件无线电、智能天线、现代信号处理等技术来达到 IMT-2000 的要求。

TD-SCDMA 采用时分双工（TDD）、TDMA/CDMA 多址方式工作，基于同步 CDMA、智能天线、多用户检测、正交可变扩频系数、Turbo 编码技术、软件无线电等新技术，工作在 1880～1920MHz，2010～2025MHz 等非成对频段上。

TD-SCDMA 的技术特点如下。

① 频谱灵活性好，频谱利用率高。如图 3-21 所示，TD-SCDMA 采用 TDD 方式，不需要成对的频段，并且仅需要 1.6MHz 的最小带宽，因而它对频谱的使用非常灵活，可利用 2G 空置出来的频率开展 3G 业务，有效地使用日益宝贵的频谱资源（如空置出的 8 个连续 GSM 频点就可安排一个 1.6MHz 的 TD-SCDMA 载波）。TD-SCDMA 能以较低的码片速率和较窄的带宽满足 IMT-2000 的要求，因而它的频谱利用率很高，可以达到 GSM 的 3～5 倍，能够解决人口密集地区频谱资源紧张的问题。相对而言，采用 FDD 方式的 WCDMA 占用 2/5MHz 带宽，CDMA2000 1x 系统占用 2×1.25MHz 带宽。

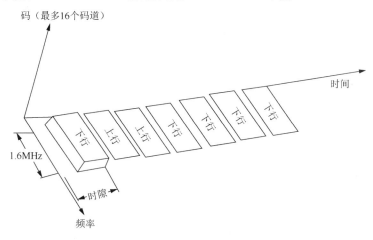

图 3-21　TD-SCDMA 原理示意图

② 易于采用智能天线等新技术。TDD 上下行链路工作于同一频率、不同的时隙，因而上下行链路的无线电波传播特性基本一致，易于使用智能天线等新技术。TD-SCDMA 的基站天线是一个智能化的天线阵，采用波束成形技术，能够自动确定并跟踪手机的方位，天线波束随着移动台的移动而动态跟踪。天线波束很窄，可减少对其他用户的干扰，降低基站的发射功率，提高系统容量。同时还可减轻下行链路的多径传播现象，易于获得移动台的位置信息。

③ 特别适合不对称业务。在 3G 中，数据业务尤其是不对称的数据业务是主要业务。TDD 方式灵活的时隙配置可高效率地满足上下行不对称、不同传输速率的数据业务的需要，大大提高资源利用率，在互联网浏览等非对称移动数据和视频点播等多媒体业务方面具有突出优势。在业务发展初期，为适应语音业务上下行对称的特点可采用 3∶3（上行∶下行）的对称时隙结构；当数据业务进一步发展时，可采用 2∶4 或 1∶5 的非对称时隙结构。

④ 易于数字化集成，可降低产品成本和价格。

⑤ 采用软件无线电技术。

⑥ 与 GSM 兼容，可由 GSM 平滑演进而来。

（6）CDMA2000。

CDMA2000 是由窄带 CDMA（IS-95）向上演进而来的技术,经融合形成了现有的 3GPP2 CDMA2000。IMT-2000 标准中 CDMA2000 包括 1x 和 Nx 两部分,对于射频带宽为 $N\times$ 1.25MHz 的 CDMA2000 系统（N=1,3,6,9,12）,采用多个载波来利用整个频段。

表 3-6 归纳了 IMT-2000 标准中 CDMA2000 系列的主要技术特点。

表 3-6　IMT-2000 标准中 CDMA2000 系列的主要技术特点

名称	CDMA2000 1x	CDMA2000 3x	CDMA2000 6x	CDMA2000 9x	CDMA2000 12x
带宽（MHz）	1.25	3.75	7.5	11.5	15
无线接口来源于	IS-95				
业务演进来源于	IS-95				
最大用户比特率（bit/s）	307.2k	1.0386M	2.0736M	2.4567M	2.8432M
码片速率（Mbit/s）	1.2288	3.6864	7.3728	11.0592	14.7456
帧的时长（ms）	典型为 20，也可选 5，用于控制				
同步方式	IS-95（使用 GPS，使基站之间严格同步）				
导频方式	IS-95（使用公共导频方式，与业务码复用）				

与 2G 的 CDMA 相比,CDMA2000 有下列技术特点。

① 具有 $N\times$1.25MHz 多种信道带宽。

② 可以更加有效地使用无线资源。

③ 具备先进的媒体接入控制,从而有效地支持高速分组数据业务。

④ 可在 CDMAOne 系统的基础上实现向 CDMA2000 系统的平滑过渡。

⑤ 核心网协议可使用 IS-41、GSM-MAP 及 IP 骨干网标准。

⑥ 采用前向发送分集、快速前向功率控制、Turbo 码、辅助导频信道、灵活帧长、反向链路相干解调、选择较长的交织器等技术,进一步提高了系统容量,增强了系统性能。

从严格意义上来讲,CDMA2000 1x 系统只能算作 2.5G 系统,其后续走上了一条新的演进之路。3GPP2 从 2000 年开始在 CDMA2000 1x 基础上制定 1x 的增强技术 1xEV 标准,人们通常认为自此 CDMA2000 才真正进入 3G 阶段。

（7）3G 的不足。

虽然 3G 和 2G 相比有很多优点,但是 3G 还存在着很多不尽如人意的地方,不能满足人们日益增长的通信要求,主要体现在以下几个方面。

① 对 IP 的支持远远不够。

3G 在无线传输技术和核心网方面都没有统一的制式,其主流技术并不适应互联网的发展要求。因此,需要提出能在各种环境和移动状态下提供无线多媒体服务,并能满足 QoS 要求的更新一代移动通信系统。

② 业务提供和业务管理不灵活。

3G 网络平台与实现完全开放式业务平台之间还存在着很大的差距。

③ 高速数据传输不成熟。

3G 的接入速率有限,而且由于各种业务之间的干扰,要提高到更高的无线传输速率很难。3G 的最高无线传输速率是 2Mbit/s，而且仅限于室内环境和移动速率不高的环境；在车载移动状态下，其无线传输速率只能达到 144kbit/s，难以适应多媒体业务增长的需要。

3G 的这些不足及政策、经济等因素导致了人们对它的众多争议，再加上市场需求和技术的发展，更先进的 4G 必将替代 3G。

6．2G/3G 网络现状

（1）全球 142 家运营商已计划或已完成关停 2G 和 3G 网络。

随着 4G 和 5G 在全球范围内的加速推广，2G 和 3G 在全球范围内的使用正不断减少。许多运营商和政府已经关闭或决定关闭旧的 2G 和 3G 网络，并将其使用的频谱资源进行重新分配，用于建设更快、更高效的 4G 和 5G 网络。

GSA 的最新报告显示，截至 2022 年 9 月，全球 142 家运营商在 56 个国家和地区已经完成、计划进行或正在关闭 2G 和 3G 网络。43 个国家和地区的 76 家运营商已经完成或计划关闭 2G 网络。其中，15 个国家和地区的 24 家运营商已经完成 2G 网络关停；31 个国家和地区的 51 家运营商已有 2G 网络关停计划；2 个国家和地区的 2 家运营商目前正在关闭 2G 网络。42 个国家和地区的 80 家运营商已经完成、计划进行或正在关闭 3G 网络。其中，17 个国家和地区的 28 家运营商已经完成 3G 网络关停；31 个国家和地区的 46 家运营商已有 3G 网络关停计划；6 个国家和地区的 6 家运营商目前正在关闭 3G 网络。

（2）2G/3G 退网是必然。

一是 2G/3G 腾退的频谱资源将推动 4G/5G 网络加快完善与发展。

2G/3G 早已成为老旧技术，网络速率、容量、频率、效率等均存在不足，但其占用的低频资源具有信号覆盖广和穿透能力强等天然优势，若将其释放出来用于 4G 和 5G 等新技术，必将大幅降低建设和运营成本，提高资源使用效率。

二是我国主推的蜂窝物联网和宽带语音技术可以很好地替代 2G/3G 网络。

2G/3G 网络主要承载语音通话和中低速数据业务，当前我国主推的 NB-IoT（窄带物联网）、4G（含 Cat1、VoLTE）和 5G 技术，正好可以完整填补 2G/3G 退网之后的技术空白。

三是关停 2G/3G 网络是落实绿色低碳和网络安全战略的必然选择。

关停 2G/3G 网络可降能降耗，节省运营维护开支和许可费用，便于电信运营商轻装上阵，集中精力发展 4G/5G 网络。因 2G/3G 基站认证机制不完备，关停 2G/3G 网络可消除一些黑客窃听和伪基站诈骗等犯罪行为，排除部分危害用户信息安全和公共安全的隐患。

（3）我国 2G/3G 退网速度慢。

2G/3G 退网是一个系统性工程，并不是简单的技术问题或者经济问题，相比于欧洲运营商，我国三家运营商的 2G、3G 退网速度略慢，原因如下。

一是 2G/3G 网络规模庞大，退网周期非常长，退网过程不宜"一刀切"。

在我国，2G、3G 的发展历史超过 20 年，目前仍有规模巨大的基础设施，承载着大量用户，特别是偏远的农村地区，仍有大量用户使用 2G 网络。截至 2021 年底，2G/3G 基站数量仍达 263.5 万座，占基站总数的比例超过 26%。据估计，全国 2G 在网用户仍有 2.73 亿个，占移动电话用户总量的 17.15%，2G/3G 网络还承载着许多物联网用户。在三大运营商中，中国移动的 2G 网络规模最大，承载着九成的用户。或许正是因为 2G 网络覆盖较为完善，覆盖我国大部分地方，所以可以看到在很多地方，尤其是一些偏远地区，2G 网络仍有存在的价值。因此退网并非在短期内可以完成的。在部分地区，电信运营商已启动部分2G/3G基站关停工作，但因退网方案欠妥当，引发了部分负面舆情。

二是2G/3G物联网新终端仍在出货。

据统计，2021年2G/3G非手机终端出货量达1501万部，同比虽下降69.7%，但仍呈现"产销两旺"的局面。终端设备一旦入网便承担起行业用户的重要生产经营任务，且物联网终端迭代周期长，以智慧抄表为例，其迭代周期可达7~15年，这给今后2G/3G彻底退网带来了隐患。

三是2G/3G存量业务迁移任务重。

对于2G/3G物联网业务，中国移动研究院的研究表明，2G/3G当前主要承载的物联网业务包括车联网、共享行业、智能金融、智能表计、消费电子等，涉及大量历史资产问题，如现有通信模组，甚至生产类设备升级的费用由谁出等。

对于2G/3G手机业务，2G用户终端大多是老年人功能机，部分是儿童电话手表。据调查，目前价格低廉的2G功能机仍有市场，其与4G功能机有几十元的价格差距，因此受到部分老年人的欢迎。2021年，2G/3G手机终端出货量达到417万部，虽同比下降52.3%，但仍有12款2G/3G手机新产品面市。

所以我国三大运营商要实现2G/3G退网，从用户的角度考虑，需要制定相应的退网计划，同时创造条件推动产品、终端更新迭代，加快引导2G/3G存量业务转网，同步谋划2G/3G频率重耕事宜。

（4）国内2G/3G退网政策日渐明朗，步伐开始加快。

政策层面，2021年11月，工信部印发的《"十四五"信息通信行业发展规划》中明确提出"全面推进5G网络建设。加快5G独立组网（SA）规模化部署，逐步构建多频段协同发展的5G网络体系，适时开展5G毫米波网络建设。加快拓展5G网络覆盖范围，优化城区室内5G网络覆盖，重点加强交通枢纽、大型体育场馆、景点等流量密集区域深度覆盖，推进5G网络向乡镇和农村延伸。优化产业园区、港口、厂矿等场景5G覆盖，推广5G行业虚拟专网建设。深入推进电信基础设施共建共享，支持5G接入网共建共享，推进5G异网漫游，逐步形成热点地区多网并存、边远地区一网托底的移动通信网络格局。加快2G、3G网络退网，统筹4G与5G网络协同发展。"在此之前，2020年4月，工信部办公厅发布了《工业和信息化部办公厅关于深入推进移动物联网全面发展的通知》，首次明确提出"推动存量2G/3G物联网业务向NB-IoT/4G（Gat1）/5G网络迁移"。

运营商也发布多个2G/3G退网文件，如中国移动要求在2020年底前停止新增2G物联网用户；中国电信力推将2G语音业务逐步迁移到VoLTE，并要求5G终端不再支持2G；中国联通发布2G/3G退网计划，鼓励2G用户升级到4G/5G。

我国2G/3G退网的进展如下。

对于运营商来说，退网是一个很漫长的复杂过程，需权衡各方利弊，采取逐步清退方式。

回看国内运营商退网情况，中国电信的CDMA网络（2G/3G）都在退网计划中，现在也未全部关停，还遗留部分点位在用；中国移动的3G网络几乎已经全部退出了，因为当初本身的3G用户并不多，不过其2G网络依然在用；中国联通有2G/3G退网计划，不过主要还是2G网络，同样未全面清理完毕。但4G网络对于国内这几家运营商来说，短期内绝对不会退，其将与5G网络并存很长时间。但是，运营商如果一直要维护2G、3G、4G、

5G 这 4 张网，那么背后必然是巨大的资源支出。

因此，针对 2G/3G 退网，三大运营商在积极行动。如中国联通在多个场合表示 2021 年底实现 2G 全面退网；中国电信则从 2020 年 6 月 1 日起，开始逐步关闭 3G 网络；中国移动也发出了关于 2G/3G 网络订购限制，这意味着距离关闭 2G/3G 网络不远了。

如今，在 5G 已经成为全社会共识的情况下，加快 2G 退网，既是通信技术浪潮直接推动的结果，又是运营商不堪重负的现实考虑。5G 网络的建设速度越快，运营商退出 2G 网络的压力就越大。在科技进步面前，不管是企业，还是个人，与时俱进才是更明智的选择，2G、3G 退网势在必行！

7．4G 概述

4G 的下载速率能达到 100Mbit/s，上传速率能达到 20Mbit/s，并能够满足几乎所有用户对无线服务的要求。4G 并没有脱离之前的通信技术，而是以传统通信技术为基础，利用一些新的技术来提高无线通信的网络效率和功能。

（1）4G 与 3G 的区别。

① 3G 的关键技术是 CDMA 技术，而 4G 采用的是正交频分复用（OFDM）技术。

OFDM 技术可以提高频谱利用率，能够克服 CDMA 技术在支持高速率数据传输时的信号间干扰增大问题。

② 4G 的无线接入标准统一，软件无线电技术升级。

③ 3G 采用的主要是蜂窝组网，4G 采用全数字 IP 技术，支持分组交换。

④ 4G 使用的其他新技术包括超链接和特定无线网络技术、动态自适应网络技术、智能频谱动态分配技术。

⑤ 4G 在功率控制上更加严格。

⑥ 在切换技术方面，4G 采用软切换和硬切换相结合的技术。

（2）4G 标准。

目前基于 LTE 的 4G 标准有两个：LTE FDD 和 LTE TDD（国内习惯将 LTE TDD 称为 TD-LTE）。两大标准是基于 LTE 的不同分支，相似度超过 90%。LTE FDD 采用的是 FDD 方式，TD-LTE 采用的则是 TDD 方式。

TDD 系统的优势如下。

① 能够灵活配置频段，使用 FDD 系统不易使用的零散频段。

② 可以通过调整上下行时隙转换点，提高下行时隙比例，能够很好地支持非对称业务。

③ 具有上下行信道一致性，基站接收和发送数据可以共用部分射频单元，降低设备成本和设备复杂度。

④ 具有上下行信道互惠性，能够更好地利用传输预处理技术，如预 Rake 技术、联合传输（JT）技术、智能天线技术等，有效地降低移动终端的处理复杂性。

TDD 系统的劣势如下。

由于 TDD 系统的时间资源要分别分配给上行和下行，因此 TDD 系统的收发时间大约只有 FDD 系统的一半，如果 TDD 系统要发送和 FDD 系统同样多的数据，就要增加 TDD 系统的发送功率。

TDD 系统上行受限，因此 TDD 基站的覆盖范围明显小于 FDD 基站。

TDD 系统收发信道同频，无法进行干扰隔离，系统内和系统间存在干扰。

为了避免与其他无线系统之间的干扰，TDD 系统需要预留较大的保护带，影响了整体频谱利用效率。

LTE FDD 和 TD-LTE 这两个 LTE 的分支标准各有所长，但两者的基础技术非常相似，因此，有专家表示 LTE FDD 和 TD-LTE 完全可以看作一个系统。将 LTE FDD 和 TD-LTE 混合组网，可发挥各自的长处，TD-LTE 用于热点覆盖，LTE FDD 用于广域覆盖。

（3）4G 的关键技术。

① OFDM 技术。

多径效应造成接收机收到的信号是多个时延、幅度和相位各不相同的发送信号的叠加，存在码间干扰，从而导致错误发生。为了实现高速数据业务，必须采取措施对抗码间干扰。既要对抗码间干扰，又要采用低复杂度且高效的手段传输高速数据业务，OFDM 技术是最佳选择。OFDM 系统框图如图 3-22 所示。

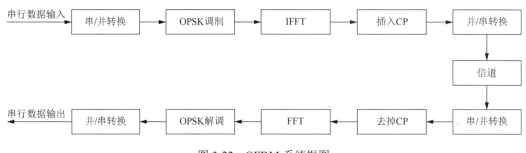

图 3-22　OFDM 系统框图

② 智能天线技术。

智能天线采用空分多址（SDMA）技术。其利用信号在传输方向上的差别，对同频率或同时隙、同码道的信号进行区分，动态改变信号的覆盖区域，将主波束对准用户方向，旁瓣或零陷对准干扰信号方向，并能够自动跟踪用户和监测环境变化，为每个用户提供优质的上行链路信号和下行链路信号，从而达到抑制干扰、准确提取有效信号的目的。

③ 无线链路增强技术。

可以提高容量，扩大覆盖范围的无线链路增强技术：分集技术，如通过空间分集、时间分集（信道编码）、频率分集和极化分集等方法来获得最好的分集性能；多天线技术，如采用 2 或 4 天线来实现发射分集，或采用多输入多输出（MIMO）技术来实现发射和接收分集。

④ 软件无线电技术。

软件无线电技术强调以开放性、标准化、模块化的通用最简硬件为平台，尽可能地用可升级、可重新配置的不同应用软件来实现工作频段、调制解调类型、数据格式、加密模式、通信协议等各种无线电功能，并使宽带 A/D 转换器和 D/A 转换器尽可能靠近天线。软件无线电技术不仅能适应产品的多样性，降低开发风险，还易开发系列型产品。此外，它还缩小了硅芯片的容量，从而降低了运算器件的价格。

⑤ 多用户检测技术。

4G 的终端和基站采用多用户检测技术提高系统的容量。多用户检测技术的基本思想：把同时占用某个信道的所有用户或部分用户的信号都当作有用信号，而不作为噪声处理，利用多个用户的码元、时间、信号幅度及相位等信息联合检测单个用户的信号，即综合利用各种信息及信号处理手段，对接收信号进行处理，从而达到对多用户信号的最佳联合检测。它在传统检测技术的基础上，充分利用造成多址干扰的所有用户的信号进行检测，从而具有良好的抗干扰和抗远近效应性能，降低了系统对功率控制精度的要求，因此可以更加有效地利用链路频谱资源，显著提高系统容量。

8．5G概述

5G具有高速率、低时延、大带宽的特性。目前，5G业务单用户最高上行速率约为100Mbit/s；最高下载速率能达到10Gbit/s。例如，1GB高清电影（播放时长约为1.5h的高清电影）在5G网络环境下，最快只需约8s即可下载完。5G支持1000亿的海量连接和低至1ms的时延。

（1）5G应用场景。

ITU定义了三种5G应用场景，分别是增强移动宽带eMBB、海量机器类通信mMTC、超可靠低时延通信URLLC。经过大量讨论和论证，5G重点关注如下典型部署场景：室内热点、密集城区、郊区、高铁、超远覆盖、高速公路、空地通信等。

（2）5G网络架构。

5G网络架构的总体需求明确规定了支持多系统制式、统一鉴权架构、终端多系统同时接入、无线与核心网独立演进、用户面和控制面分离等技术，以降低终端的能量消耗，提供更好的移动业务体验、业务灵活配置等更高的业务服务能力。5G核心网与接入网参考架构如图3-23所示，其中5G核心网支持eLTE eNB和5G基站（gNB）接入，5G核心网和接入网之间的接口需要支持用户面和控制面功能，且eLTE eNB和5G基站之间支持用户面和控制面相关功能。

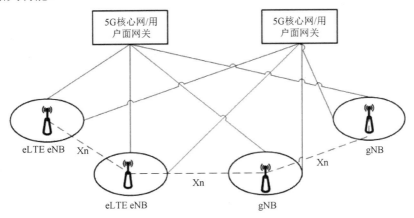

图3-23 5G核心网与接入网参考架构

（3）5G无线关键技术。

① 大规模天线技术。

目前，MIMO技术是一种提高频谱效率和网络可靠性的重要手段，随着移动互联网的快速发展，迅猛增加的数据流量需求与有限频谱资源的矛盾日益突出，而天线数量的增加可以显著提高频谱效率。与MIMO技术相比，大规模天线技术可以实现更高的空间分辨率，使多个用户可以利用同一时频资源进行通信，从而在不增加基站密度的情况下大幅度提高频谱效率。此外，其还可以降低发送功率，将波束集中在很窄的范围内，从而降低干扰。总之，大规模天线技术无论是在频谱效率、可靠性方面，还是在能效方面都具有很大优势，在 5G 网络中被广泛采用。

② 高频通信技术。

4G 及之前的移动通信系统使用的频谱资源都集中在 2.6GHz 以下，但是由于频谱资源极其匮乏，故难以满足日益增长的移动流量需求。为了满足 5G 网络所需的大带宽频率，5G 必须向高频段扩展，尤其是毫米波频段，该频段具有连续的大带宽，可以满足 5G 的高速率需求。

③ 非正交多址（NOMA）技术。

4G 及之前的移动通信系统都采用了正交的多址接入技术。在 5G 网络中，非正交多址技术日益受到产业界的重视。这是因为，一方面 4G LTE 系统单链路的频谱效率提升十分有限；另一方面，采用非正交多址技术可以显著提高频谱资源使用率。它的基本原理是在发送端采用非正交发送方式，主动引入干扰信息，在接收端通过串行干扰消除接收机实现正确的解调，换句话说，以串行干扰消除接收机的处理复杂度为代价实现频谱效率的提升。

④ 全双工技术。

采用 FDD 方式的移动通信系统需要使用成对的收发频段，然而在实际系统中，有很多上下行非对称的业务，因此采用 FDD 方式会导致较低的频谱资源使用率。灵活的全双工技术可以在相同的频谱上，实现上下行同时发送、接收电磁波信息，且利用干扰消除技术消除来自天线的干扰信号，从而实现同时同频全双工通信，显著提升信道容量。

（4）5G 与物联网。

5G 为物联网不同应用场景提供针对性的通信能力和网络基础。

物联网的应用场景非常多，且不同应用场景的需求不一样，如智能抄表需要低功耗，自动驾驶需要低时延，VR/AR 需要大流量，智能井盖需要深度覆盖等，由于同时满足这些条件较为困难且有些要求是相互矛盾的，因此 5G 标准相应地制定了三个应用方向，即 eMBB、mMTC、URLLC，以适应不同的应用场景。

eMBB 支持大带宽高速率应用，如 Gbit/s 移动通信、超高清 3D 视频、云办公、云游戏等。

mMTC 适用于智慧城市等场景中连接设备的绝对数量不断增长情况下的物联网应用，且随着每个设备变得越来越复杂，它收集和发送的信息越来越多，积累大量的数据。正是 mMTC 确保了这些连接的可靠性和应用的实现。

URLLC 可确保网络同时具有低时延和超高可靠性。该特性能确保 5G 网络适用于某些生死攸关的情景，如在机器人的帮助下开展远程手术或驾驶自动驾驶汽车。在这两种情况下，任何网络故障或滞后都可能会产生使人难以承受的后果。管理电网、第一响应者通信系统，甚至在线银行系统等都将越来越依赖 5G 网络。

5G 为物联网应用的实现提供网络基础，同时，5G 和物联网都是支撑数字经济发展的基础设施。5G+物联网必将形成一个更加智能和友好的环境，为人类的工作、生活和娱乐提供更好的用户体验。

3.2.2 LPWAN 技术

1. LPWAN 技术的特点

对于广范围、远距离的连接，需要长距离无线通信技术，LPWAN 技术正是满足物联网需求的长距离无线通信技术。

LPWAN 技术专为低带宽、低功耗、远距离、大量连接的物联网应用而设计。LPWAN 技术可分为两类：一类是工作于未授权频谱的 LoRa（Long Range Radio，远距离无线电）、Sigfox 等技术，这类技术大多是非标、自定义实现的；另一类工作于授权频谱下，如 2G/3G/4G 技术、NB-IoT（Narrow Band-IoT，窄带物联网）等。典型长距离无线通信技术及短距离无线通信技术各项技术参数、特征对比如表 3-7 所示。

表 3-7 各项技术参数、特征对比

距离分类	长距离			短距离		
技术名称	NB-IoT	LoRa	Sigfox	Wi-Fi	ZigBee	蓝牙
传输速度	100kbit/s	0.3～50 kbit/s	10～1000bit/s	150～200 Mbit/s	250 kbit/s	1Mbit/s
通信距离	1～20km	1～20km	3～50 km	50m	2～20m	20～200m
频段	800～900MHz	470～510MHz	900MHz	2.4GHz 或 5GHz	2.4GHz	2.4GHz
安全性能	高	低	低	低	中	高
功耗	<5mA	<5mA	50MW 或 100MW	10～50mA	5mA	20mA
成本	5 美元	<5 美元	<1 美元	25 美元	5 美元	2～5 美元

本节我们重点介绍 LoRa 技术和 NB-IoT 技术。LoRa 技术作为未授权频谱技术的代表，NB-IoT 作为授权频谱技术的代表。

2. LoRa 技术

（1）LoRa 技术发展简介。

LoRa 技术是最早由法国公司 Cycleo （成立于 2009 年）开发的一种扩频无线调制专利技术。LoRa 技术融合了数字扩频、数字信号处理和前向纠错编码技术，适用于超长距离的无线通信，拥有前所未有的性能，主要应用于物联网或 M2M 诸多垂直行业，包括能源、农业、商业、制造业、汽车及物流等。

2012 年，Cycleo 公司被美国 Semtech 公司以约 500 万美金收购，收购之后，Semtech 公司为促进其他公司共同参与到 LoRa 生态中，于 2015 年 3 月在世界移动通信大会上联合 Actility、Cisco 和 IBM 等多家厂商共同发起创立 LoRa 联盟，联盟成员包括跨国电信运营商、设备制造商、系统集成商、传感器生产商、芯片厂商和创新创业企业等。

经过几年的发展，目前 LoRa 联盟在全球拥有超过 500 个成员，包括微软、谷歌这样重量级的软件和互联网公司，并在全球超过 100 个国家布置了 LoRa 网络，这些网络分布于美国、加拿大、巴西、中国、俄罗斯、印度、马来西亚、新加坡等国家。截至 2021 年底，LoRa 已在全球部署超过 220 万个网关、2.8 亿个终端节点，LoRaWAN 覆盖 171 个国家和地区。预计到 2026 年，50% 的 LPWAN 物联网解决方案将会使用 LoRa 的方案。

LoRa 技术于 2014 年进入中国市场，阿里巴巴是 LoRa 技术在中国的积极推动者，并担任 LoRa 联盟董事及亚洲区主席。2018 年，腾讯、京东等巨头也加入 LoRa 联盟，各地方广电、浙江联通、联通物联网公司、中国铁塔等 LoRa 生态伙伴也开始在各地积极部署 LoRa 网络，LoRa 技术在中国已成长为一种成熟的物联网通信技术，并形成了完整的生态系统。LoRa 技术在智慧城市、智能园区、智慧建筑、智慧安防等垂直领域均有了大量落地的行业应用。Semtech 公司物联网业务总监曾表示，全球大量的垂直行业中已形成 300 多个 LoRa 应用场景。

（2）LoRa 技术的特点。

在 LoRa 技术出现之前已经有多种无线通信技术，可组成局域网或广域网。广域网的无线通信技术主要有 2G、3G、4G；局域网的短距离无线通信技术主要有 Wi-Fi、蓝牙、ZigBee、UWB、Z-Wave 等。这些技术各有优缺点，但是最突出的矛盾在于低功耗和远距离通信似乎只能选择其一，而 LoRa 技术的出现打破了这一格局。LoRa 技术更易以较低功耗进行远距离通信，可以使用电池供电或者其他能量收集的方式供电。较低的数据传输速率延长了电池寿命、增加了网络容量，LoRa 信号对建筑的穿透力也很强。LoRa 技术的这些特点更适用于低成本大规模的物联网部署。

LoRa 技术的特点如表 3-8 所示。

表 3-8　LoRa 技术的特点

特点	具体指标
长距离传输	1～20km
多节点	万级，甚至百万级
低成本	基础建设和运营成本
长电池寿命	3～10 年
数据传输速率	0.3～50kbit/s

（3）LoRa 无线通信原理。

① LoRa 频谱。

LoRa 技术使用的是免授权 ISM 频段，但各国或地区的 ISM 频段使用情况不同。目前，其在中国使用 470～510MHz 频段。表 3-9 所示为部分国家或地区的 LoRa 使用频段。

表 3-9　部分国家或地区的 LoRa 使用频段

	欧洲	北美	中国	韩国	日本	印度
频段	867～869MHz	902～928MHz	470～510MHz	920～925MHz	920～925MHz	865～867MHz
通道	10	64+8+8	LoRa 联盟定义			
通道带宽 Up	125/250kHz	125/500 kHz	LoRa 联盟定义			
通道带宽 Dn	125 kHz	500 kHz	LoRa 联盟定义			
发射频率 Up	+14dBm	+20 dBM	LoRa 联盟定义			
发射频率 Dn	+14dBm	+27dBm	LoRa 联盟定义			
扩频因子	7～12	7～10	LoRa 联盟定义			
数据传输速率	250bit/s～50kbit/s	980bit/s～21.9bit/s	LoRa 联盟定义			
链路设计 Up	155dB	154 dB	LoRa 联盟定义			
链路设计 Dn	155dB	157 dB	LoRa 联盟定义			

② LoRa 网络结构。

使用 LoRa 技术可以将万个无线传输模块组成一个无线数字传输网络（类似于现有的移动通信基站网，每一个节点类似于移动网络的手机用户），在整个网络覆盖范围内，每个节点和 LoRa 集中器（网关）之间的可视通信距离在城市一般为 1～2km，在郊区或空旷地区可达到 20km。

LoRa 网络采用星型网络结构，如图 3-24 所示。

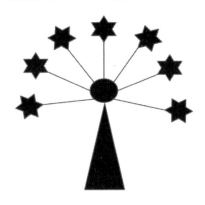

图 3-24　LoRa 星型网络结构

与网状网络结构相比，星型网具有最简单的网络结构和最小传输时延，使用起来非常方便简单。LoRa 技术既可以利用简单的 LoRa 集中器组建局域网，也可以利用 LoRa 集中器组建广域网。LoRa 集中器位于 LoRa 网络的核心位置，是终端和服务器（Server）间的信息桥梁，是多信道的收发机。LoRa 集中器通过标准的 IP 互联，终端采用单跳方式与一个或多个 LoRa 集中器通信，且均为双向通信。

（4）LoRa 技术的优势。

LoRa 技术的优势在于①远距离、低功耗、高性能大规模组网；②独一无二的原生地理位置技术。

① 远距离、低功耗、高性能大规模组网。

LoRa 技术因其具有低功耗、低成本、广覆盖及支持大规模组网的优势，在物联网领域得到了广泛应用。在频段干扰足够小的情况下，其覆盖能力和容量也能满足 LPWAN 通信的需求，因此终端-LoRa 集中器-服务器模式成为 LoRa 网络部署的发展方向。在现有的蜂窝移动通信网基站地区安装 LoRa 集中器，布局 LoRa 网络，可大大提高网络的部署和运行速率。

② 独一无二的原生地理位置技术。

Semtech 公司于 2016 年 6 月宣布 LoRa 技术增加地理位置功能，此功能允许用户定位资产、跟踪路径和管理设备。LoRa 技术的地理位置功能是 LoRaWAN 独有的，通过 LoRa 技术来实现。LoRa 技术是独一无二的，只要终端节点与网络通信，就可以得到地理位置数据，与地理位置相关的数据接收、传输或处理在传感器外面完成，因此不需要额外的硬件、电池或时间，对物料清单和功耗几乎没有任何影响。基于 LoRa 技术的地理位置特点，它可以工作在室外，也可以工作在室内，精度取决于地形和基站密度。

目前，LoRa 技术的地理位置用途主要有 4 个：定位、导航、管理和跟踪。

LoRa 技术使用到达时间差（Time Difference Of Arrival，TDOA）来实现地理定位。首先，所有的 LoRa 集中器共享一个共同的时基（时间同步），当任意 LoRaWAN 设备发送一个数据包时，不必扫描和连接到特定的 LoRa 集中器，而是统一发送给范围内的所有 LoRa 集中器，并且每个数据包都将发送给服务器。所有的 LoRa 集中器都一样，它们一直在信道上接收所有数据传输速率的信号。传感器被简单地唤醒，发送数据包，范围内的所有 LoRa 集中器都可以接收它。内置在 LoRa 集中器中的专用硬件和软件捕获高精度到达时间，服务器端的算法比较到达时间、信号强度、信噪比和其他参数，综合多种参数，最终计算出终端节点最可能的存在位置。

为了使地理位置准确，通常需要不少于三个 LoRa 集中器接收数据包，更多的 LoRa 集中器、更密集的网络会提高定位的精度和容量，因为当更多的 LoRa 集中器接收到相同的数据包时，服务器算法会收到更多的信息，从而提高了地理位置精度，如图 3-25 所示。我们期待混合数据融合技术和地图匹配技术来改善到达时间差，增强定位精度。

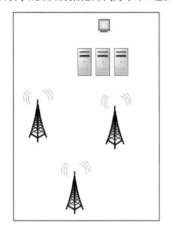

图 3-25　LoRa 地理定位

3．NB-IoT 技术

（1）NB-IoT 技术发展简介。

2014 年 5 月，华为、Vodafone（沃达丰）共同提出了基于蜂窝移动通信网的 NB-IoT，当时被称为窄带技术 NB M2M，而后又演进成 NB-CIoT；2015 年 8 月，Nokia、Ericsson（爱立信）、Intel 提出了 NB-LTE 技术；2015 年 9 月，在 3GPP 第 69 次 RAN 全会上，NB-CIoT 和 NB-LTE 这 2 种技术合并为 NB-IoT；2016 年 6 月，NB-IoT 获得国际组织 3GPP 通过；2020 年 7 月 9 日，NB-IoT 技术正式被确定为 ITU IMT-2020 5G 技术标准。NB-IoT 技术的演进能力持续加强，将成为窄带物联网主力承载技术。

截至 2022 年，全球已经有 71 个国家 93 张 NB-IoT 网络实现了部署和商用，其中，我国已建成全球最大的 NB-IoT 网络，实现了全国主要城市乡镇以上区域的连续覆盖。根据相关官方数据及从运营商处获取的信息，截至 2022 年 9 月，中国电信部署的 NB-IoT 基站数超过 42 万个，在网 NB-IoT 终端数为 1.77 亿台；中国移动部署的 NB-IoT 基站数为 35 万个，在网 NB-IoT 终端数超过 1 亿台；中国联通部署的 NB-IoT 基站数为 10 万个。我国 NB-IoT 网络的整体覆盖率超过 97%，国内 NB-IoT 连接数已经过亿，智能水表、智能燃气表、烟感、电动车监控等典型应用的连接数达到数百万个，甚至超过千万个，智慧路灯、智慧停车、智能门锁等新兴规模化应用不断涌现。Grand View Research 的一项最新市场研究表明,到 2025 年,全球 NB-IoT 的市场规模预计将达到 60.20 亿美元,2019 年至 2025 年的复合年增长率预计为 34.9%。

（2）NB-IoT 的典型应用场景。

NB-IoT 主要实现数据的上报传输、网络下发控制指令、短信传输、端到端数据透传,以及基于基站的定位等功能,可满足有低功耗、长待机、深覆盖、大容量要求的低速率连接业务;同时由于其具有较差的移动性能,更适合静态及低速业务,因此对于时延不敏感、非连续移动、静态场景的实时传输数据业务场景,其基本可以承接大部分 2G 网络承载的物联网业务。从全球目前的应用经验看,其业务场景主要可以分为以下几类。

① 自主事件触发业务场景,如烟雾探测报警、视频监控、电梯报警、电子围栏报警、车辆防盗报警、设备工作异常报警等与安防行业相关的业务。上行数据量极小（十字节量级）,周期多以年、月为单位。

② 自主周期上报业务场景,如公共事业,智能电表、智能水表、智能燃气表的远程抄表,有效降低人工抄表所产生的成本及人工抄表的错误率,更重要的是可以确保用电高峰时数据的实时性搜集,掌握各城市不同区域的用电状况,从而进行用电调度,提供阶梯式电费计价;环境监测、农业物联网行业,土壤温湿度监测、光照度监测、空气温湿度监测、土壤 pH 值监测、天气预测及农业灾害监测等,可作为预防虫害、掌握农作物疾病、了解影响农作物生长因素的重要信息来源;社会安全行业,宠物管理、精神病患者及老人监管、儿童监护、危险品监控等应用场景。上行数据量较小（百字节量级）,周期多以小时、天为单位。

③ 远程控制指令业务场景,如设备远程开启/关闭、设备触发发送上行报告,下行数据量极小（十字节量级）,周期多以天、小时为单位。

④ 软件远程更新业务场景,如软件补丁/更新,上行、下行数据量需求较大（千字节量级）,周期多以天、小时为单位。

（3）NB-IoT 特性。

NB-loT 技术总体上被定义为一种蜂窝物联网无线接入技术,它可以解决室内大范围覆盖、低速率设备大量接入、低时延敏感、设备低成本及低功耗等一系列问题。

NB-IoT 具备六大特点:一是广覆盖,NB-IoT 将提供改进的室内覆盖,在同样的频段上,NB-IoT 比现有的网络增益 20dB,覆盖面积扩大 100 倍;二是低时延敏感,大量数据重传将导致时延增加,NB-IoT 支持低时延敏感度、超低设备成本、低设备功耗和优化的网络架构;三是高容量、窄带灵活部署,NB-IoT 一个扇区能够支持 5 万个连接,具备支撑海量连接的能力,同时在授权频段内支持三种部署方式;四是支持非连续移动的业务;五是低功耗,NB-IoT 终端模块的待机时间可长达 10 年;六是低成本,企业预期的单个连接模块不超过 5 美元。

① 广覆盖。

NB-IoT 为实现覆盖增强采用了重传（可达 200 次）和低阶调制等机制。

② 低时延敏感。

目前 3GPP IoT 设想允许时延约为 10s,但实际可以支持更低时延,如 6s 左右（最大耦合损耗环境）。

③ 高容量、窄带灵活部署。

NB-IoT 单扇区支持 5 万个连接，比现行网络高近 50 倍（2G/3G/4G 分别是 14/128/1200），目前全球约有 500 万个物理站点，假设全部部署 NB-IoT，每站点三扇区可接入物联网终端数高达 7500 亿个。

NB-IoT 在授权频段中使用窄带技术，有三种部署模式：独立部署 （Stand-alone）、保护带部署（Guard-band）、带内部署（In-band）。独立部署模式利用现网的空闲频谱或新的频谱，适合用于 GSM 频段的重耕；保护带部署模式可以利用 LTE 系统中边缘无用频段，最大化频谱资源利用率；带内部署模式可以利用 LTE 载波中间的任何资源块。在带内部署模式中，NB-IoT 频谱紧邻 LTE 的资源块。NB-IoT 的覆盖在带内场景中相比其他场景更受限，故一般多采用独立部署模式或保护带部署模式。三种部署模式的比较如表 3-10 所示。

表 3-10 三种部署模式的比较

	独立部署模式	保护带部署模式	带内部署模式
频谱	频谱占用，不存在与现有系统共存的问题	需考虑与 LTE 系统共存的问题，如干扰规避、射频指标等	需考虑与 LTE 系统共存的问题，如干扰消除、射频指标等
带宽	限制较少	LTE 带宽不同，对应的可用保护带宽也不同，用于 NB-IoT 的频域位置比较少	要满足中心频点 300kHz 需求
兼容性	独占频谱，配置限制较少	需要考虑与 LTE 兼容	需要考虑与 LTE 兼容
覆盖	满足协议覆盖要求，覆盖面积最大	满足协议覆盖要求，覆盖面积略小	满足协议覆盖要求，覆盖面积最小
容量	比基站每扇区多 200000 个终端，能满足每扇区 52500 个终端的容量目标	比基站每扇区多 200000 个终端，能满足每扇区 52500 个终端的容量目标	比基站每扇区多 70000 个终端，能满足每扇区 52500 个终端的容量目标，但支持容量略小
传输时延	满足协议时延要求，时延最小	满足协议时延要求，时延略大	满足协议时延要求，时延最大
终端能耗	终端模块待机时间大于 10 年，满足能耗目标	终端模块待机时间大于 10 年，满足能耗目标	终端模块待机时间大于 10 年，满足能耗目标

全球主流的频段是 800MHz 频段和 900MHz 频段。中国电信把 NB-IoT 部署在 800MHz 频段上，中国联通选择 900MHz 频段来部署 NB-IoT，中国移动则重耕现有 900MHz 频段。

NB-IoT 属于授权频段，和 2G/3G/4G 一样，是专门规划的频段，频段干扰相对少。NB-IoT 网络具有电信级网络的标准，可以提供更好的信号服务质量、安全性和认证等的网络标准，可与现有的蜂窝移动通信网基站融合，更有利于快速大规模部署。运营商有成熟的电信网络产业生态链和经验，可以更好地运营 NB-IoT 网络。我国运营商可用频段如表 3-11 所示。

表 3-11 我国运营商可用频段

运营商	上行频段（MHz）	下行频段（MHz）	带宽（MHz）
中国联通	900～915	954～960	6
中国移动	890～900	934～944	10
中国电信	825～840	870～885	15

④ 支持非连续性移动的业务。

NB-IoT 最初被设想为适用于非移动或者移动性不强的应用场景（智能抄表、智能停车等），同时可简化终端的复杂度，降低终端功耗。

⑤ 低功耗。

NB-IoT 借助 PSM（Power Saving Mode，节电模式）和 eDRX（extended Discontinuous Reception，扩展型非连续接收）可实现更长待机。在 PSM 机制下，终端仍旧注册在网但信令不可达，从而使终端更长时间驻留在深睡眠状态以达到省电的目的。eDRX 进一步延长终端在空闲模式下的睡眠周期，减少接收单元不必要的启动，相比于 PSM，其大幅度提升了下行可达性。PSM 和 eDRX 节电机制如图 3-26 所示。

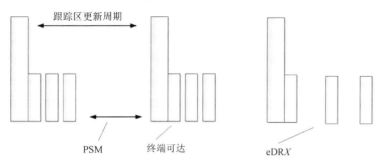

图 3-26　PSM 和 eDRX 节电机制

NB-IoT 的目标是对于典型的低速率、低频次业务模型，等容量电池的寿命可达 10 年以上。根据仿真数据，在耦合损耗为 164dB 的恶劣环境中，PSM 和 eDRX 均部署，若终端每天发送一次 200B 报文，则 5Wh 电池的寿命可达 12.8 年，如表 3-12 所示。

表 3-12　5Wh 电池寿命估计

大小/间隔	电池寿命（年）		
	耦合损耗=144dB	耦合损耗=154dB	耦合损耗=164dB
50B/2h	22.4	11.0	2.5
200B/2h	18.2	5.9	1.5
50B/1 天	36.0	31.6	17.5
200B/1 天	34.9	26.2	12.8

⑥ 低成本。

华为在"NarrowBand IoT Wide Range of Opportunitiess"中提到，NB-IoT 芯片组的价格为 1～2 美元，NB-IoT 模组的价格为 5～10 美元，NB-IoT 模组的理想价格应小于 5 美元；"Pre5G：Building the Bridge to 5G"中提到，NB-IoT 模组的成本是 5～10 美元，芯片组的成本为 1～2 美元；互联网工程任务组（The Internet Engineering Task Force，IETF）也提到，每个 NB-IoT 模组的成本小于 5 美元。综上所述，NB-IoT 模组的成本不超过 5 美元，目标是下降到 1 美元。但是，由于 NB-IoT 工作于授权频段，除 NB-IoT 模组的价格以外，还需接入运营商网络，每个 NB-IoT 模组还会增加流量费用或者服务费用。

就技术而言，在短时间内，NB-IoT 技术和 LoRa 技术肯定会并行，它们有共同点和不同点，又各有优缺点，很难说谁压倒谁，但是如果受到技术以外的因素影响，比如盈利模式的创新、与应用行业的紧密结合、借助行业的影响力等，那什么都有可能。

➡️ 任务实施

请画出移动通信技术和 LPWAN 技术分类、原理、应用领域的思维导图。

➡️ 任务评价

本任务的任务评价表如表 3-13 所示。

表 3-13 任务 2 的任务评价表

评估细则	分值（分）	得分（分）
思维导图完整、详细	40	
对关键技术原理的叙述正确	30	
叙述条理性强、表达准确	15	
语言浅显易懂	15	

练 习 题

一、判断题

蓝牙技术支持语音和数据同时传输。（　　　）

二、选择题

1. ZigBee 的（　　）无须人工干预，网络节点能够感知其他节点的存在，并确定连结关系，组成结构化的网络。

A. 自愈功能　　　　　　　　　　B. 自组织功能

C. 碰撞避免机制　　　　　　　　D. 数据传输机制

2. 在现有的各种无线通信技术中，（　　）是功耗最低的技术。

A. 蓝牙　　　　B. Wi-Fi　　　　C. LPWAN　　　　D. ZigBee

三、简答题

作为新一代移动通信技术，5G 的哪些特性可以极大地消除人与人、物与物，以及人与物之间的连接屏障？

第4章

认识物联网应用层技术

本章介绍

物联网将智能感知技术、识别技术、通信技术、网络技术等应用在网络与实物的融合中。物联网的大量应用（智慧工业、智慧农业、智慧城市、智慧医疗等）都是和云计算、大数据结合在一起的，人工智能也是其中的一部分，并且离不开物联网平台的参与。本章的学习内容是物联网应用层技术，云计算、大数据、人工智能、物联网平台都是物联网应用层技术的典型代表。

任务安排

任务1　认识云计算技术

任务2　认识大数据技术

任务3　认识人工智能技术

任务4　认识物联网平台

任务1　认识云计算技术

➡ 任务描述

本任务将带领大家认识云计算的基础知识，这些内容可以帮助大家了解什么才是真正的云计算，帮助大家理解和掌握云计算的特征和应用，以及云计算的价值。

➡ 任务目标

知识目标

◇ 掌握云计算的起源

◇ 掌握云计算的定义和分类

能力目标

◇ 能够描述云计算的定义

◇ 能够说明云计算和物联网的联系

◇ 能够描述云计算的价值

素质目标

◇ 培养主动观察的能力

◇ 培养独立思考的能力

◇ 培养积极沟通的习惯

◇ 培养团队合作的精神

◇ 激发科技兴国的爱国热情

◇ 激发科技报国的爱国情怀

知识准备

引导案例——无所不在的"云"

十几年前，要共享文件需采用邮递光盘、硬盘的方式，或者使用 U 盘进行复制；要参加总公司的会议，需要乘坐不同的交通工具，到现场聚集。而今天，共享文件只需要利用网盘进行分享即可，开会不需要长途跋涉，在线视频会议方便快捷。这种提前将资源准备好，通过特定技术使人们可以随时随地使用这些资源执行特定任务的方式，就是云计算，能够提供这种服务的供应商就是云服务提供商。

云计算已经变成了一个时髦词，基本上所有的 IT、互联网应用都离不开"云"。从我们每天所接触的衣食住行、工作交互到企业的运营管理，到处都充斥着云计算的身影。

（1）在线办公。

也许每个人都有过这种念头：不想外出工作，在家躺着数钱。当然，这是一种不现实的想法，不过云计算却可以实现"在家"的需求。购买一台云服务器，然后安装 Windows 系统，你就拥有了一台可以随时随地使用的计算机，性能可以根据需求而改变，即使使用手机、iPad 等移动设备也可以轻松连接"云计算机"来处理工作。

（2）云游戏。

喜欢玩游戏的朋友都知道游戏对计算机配置的要求是很高的，为了玩游戏而不停地更换计算机是一笔不小的开销，并不是所有家庭都有这种承受能力。而云计算的发展却能帮助用户解决这个问题：云游戏使游戏运行在云服务器上，用户只需要一个能接收画面的终端和畅通的网络即可尽情享受 3A 大作带来的体验感。

（3）无所不在的"云"。

我们的生活中早已充满了各种"云"提供的服务，打开手机淘宝，在启动界面底部可看到"阿里云提供计算服务"的提示，打开手机 QQ，在启动界面底部则有"腾讯云提供计算服务"的提示。国内外各大 IT 厂商早已触"云"。

　　此外，各类物联网应用的落地也得益于云计算，云计算为物联网应用提供了高效、动态、可大规模扩展的资源处理能力。

4.1.1　云计算的起源

　　云计算的出现不是孤立的，而是计算机技术与通信技术发展到一定阶段的产物。有观点认为，云计算相当于"互联网+计算"的模型，云计算的发展史就是"互联网+计算"模型的发展史。

　　互联网兴起于 1960 年，最初主要为军方、大型企业等之间的纯文字电子邮件或新闻集群组服务，直到 1990 年才逐渐进入普通家庭。随着 Web 与电子商务的发展，互联网已经成为人们离不开的生活必需品之一。云计算概念的首次提出是在 2006 年 8 月的搜索引擎大会上，云计算掀起了互联网的第三次革命浪潮。

　　追溯云计算的历史，它的产生和发展与并行计算、分布式计算等计算机技术密切相关，它们促进了云计算的成长。但云计算的根源可以追溯到 1956 年，Christopher Strachey 发表了一篇有关虚拟化的论文，正式提出了虚拟化的概念。虚拟化是云计算基础架构的核心，是云计算发展的基础。而后随着网络技术的发展，逐渐孕育了云计算的萌芽。

　　1984 年，Sun 公司的联合创始人 John Gage 提出了"网络就是计算机"的猜想，描述了分布式计算技术的新概念，云计算也证实了这一猜想，并逐步地将这一猜想变成了现实。

　　1996 年，网格计算开源网格平台 Globus 起步，成了云计算的前身。

　　1998 年，VMware（威睿）公司成立并首次引入 X86 虚拟技术。

　　1999 年，Marc Andreessen 创建 LoudCloud，提出了世界上第一个商业化的基础设施即服务（Infrastructure as a Service，IaaS）平台。

　　2006 年，谷歌公司的首席 CEO 埃里克·施密特在搜索引擎大会上首次提出"云计算"这一概念。至此，云计算终于揭开了它的神秘面纱，走到了舞台前。随后，云计算进入了一个快速发展的阶段，并逐渐渗透到了人们生活和工作的方方面面。

　　2008 年，微软发布其公共云计算平台——Windows Azure Platform，拉开了微软的云计算大幕。

　　2009 年，美国国家标准与技术研究院（National Institute of Standards and Technology，NIST）发布了云计算定义。

　　2010 年，我国第一个获得自主知识产权的基础架构云产品 BingoCloudOS（品高云）发行 1.0 版本。

　　2019 年 8 月 17 日，北京互联网法院发布《互联网技术司法应用白皮书》。发布会上，北京互联网法院互联网技术司法应用中心揭牌成立。

　　2020 年，我国云计算市场规模达到 1781 亿元，增速为 33.6%。其中，公有云市场规模达到 990.6 亿元，同比增长 43.7%；私有云市场规模达到 791.2 亿元，同比增长 22.6%。

　　云计算之所以能够得到这么快速的发展，得益于云计算的思想起源。

　　（1）个人使用计算机的烦恼。

　　① 刚购买了计算机，却很快又出现了新型号。

　　② 刚高价购买了最新版应用程序，却很快又需要更新。

③ 计算机因为负载过重而宕机，导致保存的数据全部丢失。

④ 下载软件时，计算机不小心感染了病毒，账号、密码全部泄露，造成了经济损失。

（2）企业使用计算机的烦恼。

① IT 部门的工作人员经常穿梭于各个办公室之间，忙于解决员工计算机的各种系统错误和应用软件错误。

② 企业为了测试新开发的应用软件，购买了大批计算机，可是测试完毕之后，大部分设备只能闲置。

③ 为了应对市场的快速变化，急需一批计算资源，但是审批资金、购买设备、安装平台可能需要花费 2 周左右的时间，虽然审批通过了，但却耽误了市场时机。

④ 高价购买了某家公司的软件，在使用一段时间之后，发现不能完全满足需求，但又无法退货。

而云计算的思想却能很好地解决上述问题。

① 所有的计算能力、存储能力和各种各样的功能应用都通过网络从云端获得，所以用户不需要不停地更换昂贵的高性能计算机。

② 用户不需要购买、安装和维护各种系统和应用软件，这些也都可以通过云端直接下载。

③ 用户不需要担心数据的存储安全，因为云存储供应商已经优先考虑到了这个问题。

4.1.2 云计算的概念

1. 云计算的应用

云计算不是一种全新的网络技术，而是一种全新的网络应用概念，云计算的核心概念是以互联网为中心，在网站上提供快速且安全的云计算服务与数据存储，让每一个使用互联网的用户都可以使用网络上的计算资源与数据中心。

典型的云服务提供商往往提供通用的网络业务应用，使其可以通过浏览器等软件或者其他 Web 服务被访问，而软件和数据都存储在远程数据中心的服务器上。用户通过计算机、手机等接入数据中心后，可以按自己的需求进行数据下载和运算，如图 4-1 所示。

数据管理、存储、数据处理、Web应用、高性能计算、协作、企业管理、语义理解……

图 4-1　云计算业务示意图

提供资源的网络被称为"云"。"云"中的资源在用户看来是可以无限扩展的，这种模式能够提供可用、便捷、按需的网络访问，用户可以按时间或者使用量进行付费。

2．云计算的定义

云计算是一个较新的概念，产生的时间并不长，但对云计算的定义有多种说法。

美国国家标准与技术研究院对云计算的定义：云计算是一种无处不在、便捷且按需对一个共享的可配置计算资源（包括网络、服务器、存储、应用和服务）进行网络访问的模式，它能够通过最少量的管理及与云服务提供商的互动实现计算资源的迅速供给和释放。这也是被大众广泛接受的定义。

ISO/IEC 17788 在 2014 年的 "Information Technology-Cloud Computing-Overview and Vocabulary" 中将云计算的术语解释为 "云计算是一种将可伸缩、弹性、可共享的物理和虚拟资源池以按需自服务的方式进行供应和管理，并提供网络访问的模式"。

除此之外，学术界的美国加州大学伯克利分校，企业界的高德纳、谷歌、IBM，以及谷歌中国前总裁李开复、云计算专家刘鹏等也对"云计算"这个名词提出了定义。

3．云计算的分类

了解了云计算的定义后，接下来使用一个生活中电的例子来作类比。

首先，电力资源是被所有人共享的——云计算的资源共享特性。

然后，任何人都可以在自己的家里安装电表，公司也可以安装独立电表——云计算的多用户接入特性。

最后，使用的电量需要付费——云计算的按需使用和弹性付费特性。

而这也解释了为什么云计算是未来互联网和社会的基础设施之一。云计算通过网络按需提供可动态伸缩的计算服务，这种服务可以是 IT、软件、互联网相关，也可以是其他服务，前面介绍过云计算通过互联网提供快速且安全的计算和存储服务，这意味着计算能力也可作为一种商品通过互联网进行流通。从不同的角度可以对云计算进行如下分类。

（1）按照运营模式分类。

云计算是由作为内部解决方案的私有云发展而来的，数据中心最早探索的内容是具有虚拟、动态、实时分享等特点的技术，用以满足内部需求。但是，随着技术的不断发展，商业的需求逐步体现，考虑对外租售计算能力，形成了公有云。所以，第一种分类关心的是谁拥有云平台，谁在运营云平台，谁可以使用云平台。从"云"的归属来看，云计算可以分为公有云、私有云、社区云和混合云。

① 公有云。

公有云是一类能被公开访问的云环境，通常由云服务提供商拥有。云服务提供商可以提供从应用程序、软件运行环境到物理基础设施等方面的 IT 资源的安装、管理、部署和维护，即云服务提供商将云服务外包给公共云的提供商。另外，云服务提供商还必须保证所提供资源的安全性和可靠性等非功能性需求。

公有云是云计算最基础的服务，用户可共享一个云服务提供商的系统资源，无须自己去架设设备及配备管理人员，便可享有专业的 IT 服务。这对于一般创业者、中小企业来说，可以使成本大大地降低。公有云的代表有华为云、腾讯云、阿里云、Amazon EC2、IBM Developer 等。

② 私有云。

企业不对公众开放，只为本企业提供云服务的数据中心称为私有云，私有云的特定云服务不会对外直接开放。相对于公有云而言，私有云的用户拥有数据中心的大部分设施，这也是架设私有云成本高的原因：想要拥有私有云，企业需自行配置数据中心、网络设备、存储设备，并且拥有专业的顾问团队。不过，私有云的服务可以更少地受到在公有云中必须考虑的诸多因素（带宽、安全性等）限制，而且通过用户范围控制和网络限制等手段，私有云可以提供更高的安全性和私密性等保障。但是，在架设私有云之前，企业管理层必须充分考虑使用私有云的必要性，以及是否拥有足够的资源来确保私有云的正常运行，否则将得不偿失。

③ 社区云。

社区云是利用内网、专网及 VPN（Virtual Private Network，虚拟专用网络）为多家关联部门提供云计算服务的一种云计算类型。也就是说，社区云是一个社区而不是一家企业所拥有的云平台，其一般隶属于某个企业集团、机构联盟或行业协会，一般也服务于同一个企业集团、机构联盟或行业协会。

如果一些机构联系紧密或者有着相同的 IT 需求，并且相互信任，那么他们就可以联合构造和经营一个社区云，以便共享基础设施并享受云计算带来的好处。

社区云一般由一家机构统一进行运维，也可以由多家机构共同组成一个云平台运维团队来进行管理。

④ 混合云。

混合云结合了公有云和私有云各自的优势，用户可以通过一种可控的方式部分拥有，部分与他人共享，即企业可以利用公有云的成本优势，使非关键应用运行在公有云上，减少成本；同时，对安全性要求更高、关键性更强的主要应用通过内部的私有云提供服务。混合云的操作灵活性较高，安全性介于公有云和私有云之间。

所以，混合云是未来云服务发展的趋势之一，一方面尽可能多地发挥云服务的经济效益，另一方面保证数据的安全性。

综上所述，长远来看，公有云的资源利用效率更高，是云计算发展的主流，但私有云和公有云会以共同发展的形式长期共存。就像由于银行服务的出现，货币从个人手中转存到银行保管，这不失为一个更安全、方便的方法，但也会有人选择自己保管，二者并不矛盾。

最后，举个简单易懂的例子。

对于一个企业而言，公有云相当于把公司的代码服务器和邮件服务器均放在第三方云上，如 Amazon 或微软云平台，员工工作的时候，都使用互联网去访问，公司内没有服务器、存储设备及网络设备，每个月按照使用量交一定的费用即可；私有云相当于公司把代码服务器和邮件服务器均放在公司内网，形成一个个资源池，按需提供给大家使用；混合云相当于公司把核心的代码服务器放在公司内网，把邮件服务器放在第三方云上。

（2）按照服务模式分类。

从云计算的服务模式来看，云计算主要分为 IaaS、平台即服务（Platform as a Service，PaaS）、软件即服务（Software as a Service，SaaS），分别为用户提供构建云计算的基础设施、操作系统、云计算环境下支持的软件，以及对应的其他应用服务。云计算的三层服务模式如图 4-2 所示。

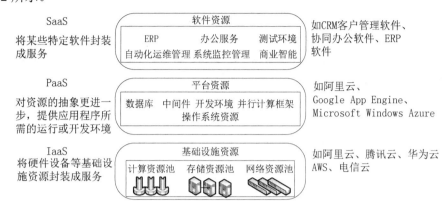

图 4-2　云计算的三层服务模式

① IaaS。

IaaS 位于云计算三层服务模式的底端，也是云计算狭义定义所覆盖的范围。

IaaS 把 IT 基础设施以服务形式提供给个人或组织，提供基于服务器和存储设备等硬件资源的可高度扩展和按需变化的 IT 能力，通常按照所消耗资源的成本进行收费。

该层提供的是基本的计算和存储能力，包括提供操作系统和虚拟化技术来管理资源，消费者通过互联网可以从完善的计算机基础设施中获得服务，即其提供的基本单元是虚拟服务器，包含 CPU、内存、操作系统及一些软件。

② PaaS。

PaaS 位于云计算三层服务模式的中间，通常也称为"云操作系统"，以提供用来支撑应用开发和服务的平台。它提供给终端用户基于互联网的应用开发环境，包括应用编程接口和运行平台等，支持应用从创建到运行整个生命周期所需的各种软/硬件资源和工具。

在 PaaS 层，云服务提供商提供的是经过封装的 IT 能力或一些逻辑资源，如数据库、文件系统和应用运行环境等。所以它的实质是将软件研发的平台作为一种服务，一个软件开发和运行环境的整套解决方案。

③ SaaS。

SaaS 是最常见的云计算服务，位于云计算三层服务模式的顶端，用户通过标准的 Web 浏览器使用互联网上的软件。云服务提供商负责维护和管理软/硬件设施，并以免费或按需租用的方式向用户提供服务。

SaaS 是一种交付模式，其中软件作为一项服务通过互联网提供给用户，以帮助用户更好地管理 IT 项目和服务，确保 IT 应用的质量和性能，监控在线业务。这些 SaaS 提供的软件省去了用户安装与维护软件的时间，降低了其对技能的要求，并且可以通过按需付费的方式来减少软件许可证费用的支出，如根据开通的用户数据、使用的资源空间及功能的多少等进行计费。

综合以上分析，下面通过一个案例来类比一下三者的关系。

某个程序员的女朋友想开服装店，说："我想在网上卖衣服，你帮我搭建个网站吧。"在什么都没有的前提下，程序员可以先买一台服务器，然后安装好 Tomcat 和 MySQL，自己写一个网上商城程序部署上去；如果有了 IaaS，购买服务器的钱就可以省去，但是得自己部署 Tomcat 和 MySQL，写一套网上商城程序部署上去；如果有了 PaaS，购买服务器的钱可以省去的同时，Tomcat 和 MySQL 也不用自己部署了，但是得自己写一套网上商城程序，将其部署上去；如果有了 SaaS，从硬件到软件，一切都不用自己动手了，就类似在淘宝上申请一个店铺，直接上去卖东西就可以了。

4.1.3　云计算的特征

云计算是近十几年兴起的一种网络应用模式，其独特性在于它完全建立在可自我维护和管理的资源池之上。用户可以根据不同需求改变访问的资源、服务的种类及数量。狭义的云计算主要指 IT 基础设施的交付和使用模式；广义的云计算主要指服务的交付和使用模式。这些服务可以是 IT、软件、互联网相关，也可以是任意的其他服务。云计算具有超大规模、高度伸缩和扩展性、虚拟化、按需分配服务、资源池化，以及高可靠性等特征。

（1）超大规模。

云计算服务通常由运行在多个数据中心的集群系统支撑，每个数据中心的节点数量可以达到上万个。云计算的这种超大规模特征使其能够为各种不同的应用提供海量的计算和存储资源。例如，谷歌的云计算中心已经拥有几百万台服务器；Amazon、IBM、微软、雅虎等的云计算中心均拥有几十万台服务器；一般中小企业的私有云拥有数百至上千台服务器。

云计算超大规模的特征赋予了用户前所未有的计算能力，用户可以通过自己的移动终端设备在任意时间和任意地点访问自己存储在云端的数据。

（2）高度伸缩和扩展性。

云计算将传统的计算、网络和存储资源通过虚拟化、容错和并行处理技术转化为可弹性伸缩、可扩展的服务，从而满足应用和用户规模增长的需要。

云计算的高度伸缩能力意味着可以添加、删除、修改云计算环境中的任一资源节点，或者任一资源节点的异常宕机都不会导致云计算环境中的各类业务中断，也不会导致用户数据丢失，保证了数据的安全，如此就能够确保任务有序完成。这里的资源节点可以是计算节点、存储节点和网络节点。

弹性的云计算服务可帮助用户在任意时间得到满足需求的计算资源，而且云计算为用户提供的这种能力是无限的，实现了 IT 资源利用的可扩展性。在对虚拟化资源进行动态扩展的情况下，弹性的云计算服务能够高效扩展应用，提高计算机云计算的操作水平。

（3）虚拟化。

云计算突破了时间、空间的限制，支持用户在任意位置、使用各种终端获取服务。用户所请求的资源均来自云计算平台，而不是固定的有形实体。

应用在云计算平台中某处运行，但实际上用户无须了解应用运行的具体位置，只需要一台移动终端设备，就可以通过网络服务来获取各种能力超强的服务，甚至包括超级计算。

对用户而言，云计算的虚拟化技术将云计算平台上方的应用软件和下方的基础设施隔离开来，用户只能看到虚拟化层中虚拟出来的各类设备，基础设施层是透明的、无限大的，用户无须了解内部结构，只关心自己的需求是否得到满足即可。这种架构降低了设备依赖性，也为动态的资源配置提供了可能。

（4）按需分配服务。

云计算的"云"指的是一个庞大的资源池，用户可以根据自己的需要购买计算能力，即云计算是一种即付即用的服务模式。

按需分配是云计算平台支持资源动态流转的外部特征表现。云计算平台通过虚拟分拆技术，实现计算资源的同构化和可度量化，可以提供小到一台计算机，多到千台计算机的计算能力。

按量计费起源于效用计算，在云计算平台实现按需分配后，按量计费也成了云计算平台对外提供服务的有效收费形式。

云计算按用户的需求提供服务，用户使用云计算可以像使用自来水、电和燃气那样，做到按实际使用资源的数量来付费，大大降低了用户在硬件上的资金投入。

例如，用户可以只花费几百元，通过一天时间就能完成以前需要花费数万元、数月时间才能完成的数据处理任务。

所以，云计算的按需分配服务使用户在服务选择上拥有了更大的空间，可以通过缴纳不同的费用来获取不同层次的服务。

（5）资源池化。

资源池化指将同类的资源转换为资源池的形式，并将所有资源分解到较小单位，以便通过多租户形式共享给多个用户。例如，数据中心将所有硬盘容量合并，分配时按较小的单位（如 GB）进行操作。而且，只有通过资源池化才能根据消费者的需求动态分配或再分配各种物理和虚拟的资源。

资源池化还可以屏蔽不同资源的差异性。例如，在用户申请存储空间时，对其屏蔽实际物理存储部件（机械硬盘和固态硬盘）。

（6）高可靠性。

云计算中心在软/硬件层面采用了数据多副本容错、心跳检测和计算节点同构可互换等措施来保障服务的高可靠性。在某种程度上，使用云计算比使用本地计算机更加可靠，这是因为一旦本地计算机损坏，在没有备份的情况下，损失的数据较难恢复。而云计算的分布式数据中心可以将云端的用户信息备份到地理上相互隔离的不同数据库主机中，保证用户的数据在存储时有多个备份，任意一台物理机器的损坏都不会造成用户数据的丢失。

多数据中心的设计不仅提供了数据恢复的依据，还使得网络病毒和黑客的攻击因失去目标而失效，甚至用户自己也无法判断信息的确切备份地点，大大提高了系统的安全性。

在容灾方面，云计算保证了地震、海啸、火灾等自然或突发灾难不会对用户的数据存储和访问产生影响。

在存储和计算能力上，云计算技术相比以往的计算技术具有更高的服务质量，同时在节点检测上，能做到智能检测，在排除问题的同时不会给系统带来任何影响。

4.1.4　云计算的价值

云计算采用一种按使用量付费的模式，企业或个人可以按需购买，不会导致资源的浪费。通过购买的账户信息登录后，用户可以进入可配置的资源共享池（资源包括网络、服务器、存储设备、应用软件等），获取自己需要的数据和计算能力。

云计算从诞生到现在，虽然给人们的生活和学习带来了很多便利，也为企业的发展带来了技术革新，但是对云计算的各种质疑也一路随行，不过这并不能阻止云计算技术发展的步伐。云计算自诞生之日起就被视为改变社会的"通用目的技术"（General Purpose Technology），除自身产值带来的经济价值外，还对整个社会经济发展和网络技术的发展起到了积极的推动作用。

1. 整合资源、提高利用率

① 云计算的虚拟化技术可以实现资源的弹性伸缩。

② 云计算服务器可以虚拟出多台虚拟机，而不像传统服务器那样只能被某个业务独占。

③ 云计算可以灵活增减虚拟机的规格（CPU、内存等），快速满足业务对不同计算资源的需求。

④ 因为虚拟化技术的存在，云计算可以把定量的物理内存资源虚拟出更多的虚拟内存资源，创建更多的虚拟机供用户使用。

2. 快速部署，弹性扩容

① 采用虚拟机对业务系统进行弹性部署。

② 可以在短时间内实现大规模的资源部署，快速、省时、高效地响应业务需求。

③ 能弹性扩展或收缩资源，以满足业务的需求。

④ 以自动化部署为主，较少有人工参与。

⑤ 云计算的快速处理能力解决了用户以前可能因为业务部署太慢而失去市场机会的问题。

⑥ 传统的部署周期过长，一般以月为单位；而基于云计算的部署周期则可以缩短到以分钟或小时为单位。

3. 数据安全

① 网络传输：数据传输采用 HTTPS 加密。

② 系统接入：需要用证书或者账号登录。

③ 架构安全：经过安全加固的 VMM（Virtual Machine Monitor，虚拟机监控器）可保证虚拟机间的隔离。

④ 对系统内账户等管理数据进行加密存储，保证了数据的高安全性。

4. 高效维护，降低成本

使用传统个人计算机办公，计算机的型号选择、购买、存放、分发和维护等多个流程都需要专业的支撑人员，而且可能会存在以下问题。

① 从购买到投入使用的周期较长。

② 传统计算机的能耗较高，会使企业的成本增加。

③ 计算机一旦出现问题，从保修到交付使用之间的间隔时间一般较长，影响企业办公

效率。

④ 传统计算机每隔几年要更新换代一次，也会增加成本。

对于传统的 IT 环境，计算机的数量较多且分布较散，因此对其进行维护的人力和物力成本也较高。而使用桌面云进行办公，所有资源都集中于数据中心，改善了企业的办公条件，降低了对其进行维护的人力和物力成本。

5．无缝切换，移动办公

无论你身处何处，只要利用移动终端连接上网络，就可以随时随地远程接入桌面进行办公。数据和桌面都集中运行和保存在数据中心，用户不用担心启动和关闭应用运行的问题，采用热插拔更换终端即可。

6．升级扩容不影响业务

当管理节点需要升级时，因为有主节点和备用节点存在，所以可以先升级其中一个节点，完成切换后再升级另外一个节点。另外，计算节点的升级可以先将该节点的虚拟机迁移到其他节点，然后对该节点升级，最后将虚拟机迁回。整个升级扩容过程不影响业务的进行。

4.1.5　云计算和物联网

1．云计算和物联网的打开方式

当下，环顾四周，我们会发现物联网已经悄悄进入了人们的日常生活。物联网与云计算都是在互联网的背景下衍生出来的新时代产物，因此互联网是二者的连接纽带。物联网可以把实物上的信息数据化，实现实物的智能化管理，但是在大数据的时代背景下，要实现对海量数据的管理和分析，亟须一个大规模的计算平台作为支撑；而云计算则刚好能够实现对海量的数据信息进行实时的动态管理和分析。另外，对企业而言，特别是资金不雄厚的中小型企业，云计算也帮其节约了很大一笔购买硬件和维护软件的开销。所以，云计算是物联网发展的基石，它从两个方面促进了物联网的实现。

（1）云计算是实现物联网的核心。

云计算使得实现对物联网中各类物品以兆计算的实时动态管理和智能分析成为可能。物联网将 RFID 技术、传感器技术、纳米技术等充分运用到各行业之中，将各种物体进行连接，并通过无线网络将采集到的各种实时动态信息送达计算机处理中心进行汇总、分析和处理。建设物联网包括三大基石：① 传感器等电子元器件（第一基石）；② 传输通道（第二基石），如电信网；③ 高效、动态、可大规模扩展的技术资源处理能力（第三基石）。其中，第三基石正是通过云计算才得以实现的。

（2）云计算促进了物联网和互联网的智能融合，有利于构建智慧地球。

物联网和互联网的融合需要依靠第三基石的能力，而这正是云计算所擅长的。同时，云计算的创新型服务交付模式简化了服务交付过程，加强了物联网和互联网之间及其内部的互联互通，可以实现新商业模式的快速创新，更好地促进物联网和互联网的智能融合。

由以上分析可知，如果把云计算和物联网结合起来形成物联网云，那么云计算可以看作一个人的大脑，而物联网就是眼睛、鼻子、耳朵和四肢等。云计算和物联网的结合方式主要可以分为以下几种。

（1）单中心，多终端。

此方式支持的范围较小，物联网终端（摄像头、智能手机、各类传感器等）会把云计算中心或部分云计算中心当作数据中心或处理中心，终端的数据传到云端由云计算中心统一进行存储和处理，云计算中心也会提供一个界面供用户操作或查看。例如，路口交通的监控系统、家庭和幼儿园的监控系统等都属于这种方式。

（2）多中心，大量终端。

此方式适用于跨区域的大公司或企业，以及当数据或信息需要在非常短的时间内或者实时共享给终端用户的场景。但是，此方式的实现有一个前提条件，就是必须包括公共云和私有云，且要保证两者之间的通信是无障碍的。这样一来，对于保密性要求较高的信息，既可以保证其安全，又不会影响信息的传播。

（3）信息和应用分层处理，海量终端。

此方式支持的范围最广，其针对用户范围广、信息及数据种类多、安全性要求高等特征进行打造。当需要传输大量数据，但是安全性要求不高时，如某些视频和游戏数据，可采用本地云计算中心来存储和处理；当传输数据量不大，但是计算要求较高时，可以采用专门负责高端计算的云计算中心来处理；当数据传输的安全性要求非常高时，则需要把其放入灾备中心的云计算中心进行处理。

2．云计算对物联网的意义

物联网为了实现规模化和智能化的管理和应用，对数据信息的采集和计算都提出了较高的要求。而云计算具有规模大、标准化、较高的安全性等优势，完全能够满足物联网的发展需求。

（1）强大的数据存储。

物联网设备可以帮助用户收集大量的数据，但是这些设备的存储容量非常有限，有些设备甚至没有存储容量。云计算可以根据业务需求提供一个巨大且理论上无限的存储空间，所以利用云计算可以存储物联网设备收集到的海量数据，以便企业进行相关的数据分析和挖掘。

（2）计算的瞬时访问。

云计算能够以 SaaS 的形式交付解决方案，使企业及其用户能够随时随地使用物联网解决方案。对企业而言，很多时候只需简单操作几下即可访问和处理物联网收集的数据。这使得企业和终端用户对数据的访问变得简单的同时，还能立即访问基于物联网的解决方案。

（3）简单的数据集成。

云计算可以帮助完成物联网设备的数据集成。例如，物联网设备在云计算的帮助下，可利用多个 API 实现多源数据的简单集成。

（4）无缝远程协作。

云计算允许开发人员进行远程协作，从而轻松地访问数据。这一功能极大地简化了企业系统、服务器和其他设备的物联网解决方案的实施过程。

今天，数据早已变得和石油一样珍贵。所以，数据的存储和分析计算是每个企业和终端用户都亟须的服务项目。而云计算提供的服务易于集成和协作，可以使物联网解决方案易于扩展。当然，物联网是不是就一定得依靠云计算才能存在呢？答案是机动的，这取决于物联网的实际需求。但不可否认的是，将云计算运用于物联网的各种解决方案中是非常有效且有意义的。

3．云计算与物联网融合的挑战

技术的融合总能给人们带来更多的想象空间，云计算的确给物联网带来了不可多得的机遇，物联网和云计算均是当前先进的技术理念，两者的强强结合的确存在很多种可能性。但是，要实现云计算在物联网中的完美应用，还有很多亟须解决的问题。

（1）规模化。

云计算和物联网结合的前提条件之一就是规模化。只有当物联网的规模足够大时，才可能和云计算较好地进行结合，即像国家电网的智能化、地震等自然灾害的监测等大体量的应用才需要结合云计算。而一般性局域的以家庭为单位的物联网应用，则完全没有必要使用云计算。如何更好地使两者的规模更加匹配，并都发展至相应的规模化尚待解决。

（2）安全性。

这里的安全性包含两方面的内容：一是技术上、管理上对数据的保护；二是让用户相信数据是安全的。无论是物联网还是云计算，面对的都是海量的与物、人相关的数据。如果安全措施不到位或者数据的管理系统存在严重漏洞，隐私的泄露将使人们的生活变得透明。更严重的情况可能会导致整个信息的合法有序使用被破坏，人们的生活、工作陷入瘫痪，社会秩序也变得混乱。因此，这需要政府、企业、科研人员等各相关部门或人员运用技术、法律和政策的力量，来共同解决问题。

（3）网络连接。

无论是云计算还是物联网，都需要持续和稳定的网络作为前提，才能实现大量数据的传输。若网络连接环境的效率太低，则难以发挥其优势。因此，如何实现不同网络（无线网络、有线网络等）之间的有效通信，建立持续、高可靠性、大容量的网络连接，是一个需要深入研究的课题。

（4）标准化。

标准化是指对不同技术的统一规范。由于物联网和云计算都是多设备、多网络、多应用的融合复杂系统，所以需要用标准去统一接口和通信协议。这项挑战将贯穿于物联网和云计算两者的发展历程。

总之，虽然物联网是对互联网的拓展，云计算是对网络的应用，从本质上看两者仿佛存在很大的区别，但是对于物联网而言，其需要大量而快速的计算能力的支撑，而云计算快速、高效的计算模式刚好可以为物联网提供良好的应用基础。没有云计算，物联网也很难得以实现；而反过来，物联网的发展进一步推动了云计算的进步。所以，两者相辅相成，缺一不可。

任务实施

向自己的亲朋好友解释云计算的概念，并举一个典型的云计算应用案例进行说明。

任务评价

本任务的任务评价表如表 4-1 所示。

表 4-1　任务 1 的任务评价表

评估细则	分值（分）	得分（分）
云计算的概念解释正确，内容完整	30	
云计算的应用案例典型、恰当	20	
叙述条理性强、表达准确	20	
语言浅显易懂	15	
对方能理解、接受你的叙述，并举出另外的云计算应用案例进行说明	15	

任务 2　认识大数据技术

任务描述

本任务将带领大家了解大数据的基础知识，这部分内容可以帮助人们认识什么才是真正的大数据，理解并掌握整个大数据的相关体系和理念，以及大数据的应用、面临的机遇和挑战。

任务目标

知识目标

◇ 掌握大数据的特征
◇ 掌握大数据的结构特点

能力目标

◇ 能够描述大数据的定义
◇ 能够分析典型的大数据应用场景

素质目标

◇ 培养主动观察的能力
◇ 培养独立思考的能力
◇ 培养积极沟通的习惯
◇ 培养团队合作的精神
◇ 激发科技兴国的爱国热情
◇ 激发科技报国的爱国情怀

知识准备

引导案例——大数据玩跨界

在 2018 年 4 月的天猫欢聚日上，安佳酸奶和阿里巴巴合作推出了一款"安佳轻醇限量绽放礼盒"。该礼盒一经推出就成了"小红书"上的晒单爆款。

安佳酸奶之所以能做出如此正确的跨界尝试，是因为安佳酸奶通过大数据分析得知：安佳轻醇的目标人群集中在 24～30 岁的年轻时尚女性中。这类人群非常关注身材和健康饮食，更愿意把钱花在购买原创或独特的品牌产品上，是最早一批非常乐于购买并和别人分享新产品的人。她们平时很注重娱乐生活，喜欢旅游、看电影，对于时尚和艺术的兴趣远远大于其他方面。基于这样的消费习惯，安佳酸奶颠覆了以往奶制品礼盒的设计，将其设计为一款实用的化妆盒：里面除三瓶安佳小白瓶外，还加入了一面化妆镜和一支定制化妆刷，用户还可以根据喜好选择化妆刷手柄的颜色和长短；礼盒外观设计采用了当时最流行的繁花主题，每一簇都坦然释放，标志着女性绽放自我的精神和理念。

奶制品礼盒和化妆盒，两个看似毫无关联的物品，通过消费人群大数据分析结果产生联系，并取得了商业上的巨大成功。

4.2.1 大数据时代背景

1. 三次信息化浪潮

阿尔文·托夫勒在《第三次浪潮》这本著作中把人类社会划分成三个阶段：

① 第一阶段是农业阶段，始于约 1 万年前。

② 第二阶段是工业阶段，始于 17 世纪末。

③ 第三阶段是信息化（服务业）阶段，始于 20 世纪 50 年代后期。

阿尔文·托夫勒的这本书出版于 1983 年，当年也许并没有给人们带来直接财富，但他许给了人们一个梦想，多年以后，阿尔文·托夫勒的思想变为了现实，从某种意义上来说，他的思想影响了当年阅读《第三次浪潮》的年轻人，指引着他们"创造了未来"。

而我们现在所处的正是信息化阶段的"未来"。在信息化阶段，也出现了三次信息化浪潮，如表 4-2 所示。

表 4-2 三次信息化浪潮

信息化浪潮	发生时间	标志	解决的问题	代表企业
第一次信息化浪潮	1980 年前后	个人计算机	信息处理	Intel、AMD、IBM、苹果、微软、联想、戴尔、惠普等
第二次信息化浪潮	1995 年前后	互联网	信息传输	雅虎、谷歌、阿里巴巴、百度、腾讯等
第三次信息化浪潮	2010 年前后	物联网、云计算和大数据	信息爆炸	涌现出一批新的市场标杆企业

IBM 前首席执行官郭士纳曾提出一个重要的观点：IT 领域每隔十五年就会迎来一次重大变革。这一判断像摩尔定律一样准确，又被称为"十五年周期定律"。

（1）第一次信息化浪潮。

1980年前后，个人计算机逐渐普及，企业和老百姓开始接触到个人计算机，其提高了社会生产力的同时，也为家庭生活带来了变革，并迎来了第一次信息化浪潮，Intel、AMD、IBM、苹果、微软、联想等企业是这个时期的代表企业。

（2）第二次信息化浪潮。

1995年前后，人类全面进入互联网时代，互联网的普及把世界紧紧联系在了一起，即使身在地球的两端，人们仍然可以通过互联网交流，实现了信息的共享。此时，人类宣布了第二次信息化浪潮的到来，雅虎、谷歌、阿里巴巴、百度、腾讯等互联网巨头也应运而生。

（3）第三次信息化浪潮。

2010年前后，物联网、云计算、大数据的快速发展使我们进入了第三次信息化浪潮，随着大数据时代的到来，必将涌现出一批新的市场标杆企业。

未来又会出现什么样的巨头公司呢？大家不妨来当一回"预言家"。

2．技术支撑

进入第三次信息化浪潮后，数据得到暴发式的增长，信息技术亟须解决存储、传输和处理三个核心问题。为解决这三个问题所积累的技术进步为大数据的到来提供了技术支撑。

（1）存储容量不断扩大。

在信息化阶段的早期，存储设备的容量是非常有限的，而且体积庞大，价格也十分昂贵。随着时代的进步和技术的革新，数据被存储在磁盘、磁带、光盘、闪存等各种类型的存储介质中，存储设备的制造工艺得到不断改善，容量大大增加，而价格却在不断下降。在第三次信息化浪潮的背景下，存储设备已经不再是奢侈品，而成了个人和一般企业都可以用得起的平价品。图4-3清晰地展示了存储设备价格随着时间变化而变化的趋势。

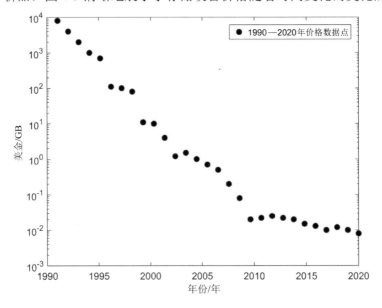

图4-3 存储设备价格随时间变化情况

（2）CPU 处理速度大幅提升。

CPU 处理速度的提升也是促使数据量不断增加的重要因素，信息处理的快慢和计算机处理核心 CPU 的运算能力相关。早期，CPU 为单核处理器，其处理能力长期遵循摩尔定律。如图 4-4 所示，CPU 晶体管数目随着时间的推移呈指数级增长。因此，在很长一段时间内，行业内的发展只要集中于提高单核的运算睿频即可。但是，提高运算睿频带来了商业成本的成倍增加，这促使技术模式由单核睿频向多核多线程发展。CPU 性能的不断提升也促使其处理数据的能力不断提高，使其可以更快地处理不断累积的海量数据。

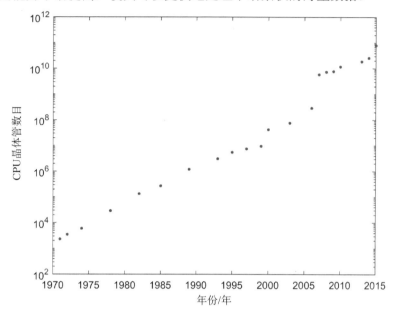

图 4-4　CPU 晶体管数目随时间的变化情况

（3）网络带宽不断增加。

随着数据传输量越来越大，网络带宽面临的形势也日趋严峻，近年来，网络技术的发展推动着网络带宽的不断增加。移动通信网络迅速发展，4G 网络基本普及，5G 网络覆盖范围不断加大，各种终端设备能随时随地传输数据。在大数据时代背景下，信息的传输不再受到网络发展初期所遇到问题的制约，所有“网民”都可以自由地畅游于信息的海洋。

存储、计算、网络三类重要技术的发展，可以说为大数据的兴起提供了极其重要的技术支撑。

3. 数据产生方式的变革

大数据的兴起除与三种技术的变革有关外，还和数据的产生方式息息相关。数据产生方式的变革是促使大数据时代来临的另一个重要因素。这里，将人类社会的数据产生方式大致归纳为三个阶段：运营式系统阶段、用户原创内容阶段和感知式系统阶段。

（1）运营式系统阶段。

在这个阶段中，传统的大型商业领域业务占主导地位，数据大部分是由运营系统产生的。如客户关系管理 CRM 系统，它会记录客户的信息，如姓名、地址、电话等，也会记录交易数据，如下单时间、下单员、审批人等，这些运营系统数据的产生是被动的。

（2）用户原创内容阶段。

互联网带来了数据产生模式的变革，促使了数据的暴发。如电子商务会留下很多行为数据：浏览记录、页面停留信息、购物车信息等。

（3）感知式系统阶段。

在感知式系统阶段，物联网得到了空前的发展，如各类智能手表、手环等。各类带有处理功能和传感器功能的设备日趋成熟，使其能自动地生成并采集数据。物联网在很大程度上对现实世界存在的实物进行了信息标记、调度、利用、处理、再利用等，这种数据产生方式推动了数据流的新一轮暴发式增长，也最终使大数据时代真正来临。

4.2.2　大数据的定义与特征

大数据又称为巨量资料，指的是所涉及资料量的规模巨大到无法通过主流软件工具，在合理时间内完成撷取、管理、处理，并整理成为帮助企业完成经营决策的资讯。而更通俗的说法是根据大数据的特点总结的 4V 定义：数据量大（Volume）、数据类型多样（Variety）、处理速度快（Velocity）和价值密度低（Value），这也是大数据最主要的 4 个数据特征。

（1）数据量大。

大数据的第一个特点是数据量大，从 TB 级到 PB 级的跃升，而一些大企业的数据量已经接近 EB 级。根据统计结果可知，历史上全人类说过的话的数据量大约为 5EB。据 IDC（Internet Data Center，互联网数据中心）估测，数据一直都在以每年 50%的速度增长，也就是说每两年就增长一倍（大数据摩尔定律），即人类在近两年产生的数据量等于历史上产生的全部数据量之和。

下面是在大数据时代背景下，互联网每分钟产生的数据量。

每分钟发布 46.52 万张图片，每一分钟发起 22.91 万次视频通话，每分钟会有 54.16 万人进入朋友圈。百度用户每分钟进行 416.6 万次搜索，美团每分钟会有 3.06 万单，淘宝每分钟会有 658.8 万元销售额，天猫每分钟会有 767.59 万元销售额，B 站每分钟会有 83.3 万次播放，京东每分钟会有 496.57 万元销售额。

（2）数据类型多样。

大数据时代的数据主要由结构化数据、半结构化数据、非结构化数据三类组成，其中，10%为结构化数据，一般存储于数据库中；10%为半结构化数据；剩余的 80%为非结构化数据，这类数据的结构没有具体的规则，所以造成了大数据时代多种多样的数据类型，如网络日志、音/视频、图片、地理位置信息等。多类型的数据对数据的处理能力提出了更高的要求。

（3）处理速度快。

巨大的数据量、多样的数据类型、快速变化的市场需求必然要求高效、快速的信息处理速度，于是就出现了"1 秒定律"，即大数据时代对数据处理速度的要求是在秒级给出结果，这是大数据时代数据挖掘技术和传统数据挖掘技术的本质区别。

（4）价值密度低。

由于数据采集不及时、采集样本不全面、数据不连续等因素的存在，大数据的采集数据存在价值密度低，但单点价值高的特点。以某一路口的监控视频为例，在连续不间断的监控视频中，可能有用的数据仅仅只有一两秒，但其却具有很高的商业价值。

综上所述，大数据时代背景下存在着海量的数据，但其价值密度低，如何结合业务逻辑并通过强大的机器算法来挖掘数据的价值，是大数据时代亟须解决的问题，也是一个高难度的课题。大数据时代有自己独特的数据特征，并带有强烈的时代技术特色，集中体现了人类文明的时代发展需求，也必将给人类未来文明，尤其是信息和计算领域带来新的革命性变革。

4.2.3 大数据结构类型

大数据技术的核心在于数据，因此，大数据结构类型的实质是指数据的结构类型。大数据的多样性使得大数据被分为三类：结构化数据、半结构化数据、非结构化数据，如图 4-5 所示。

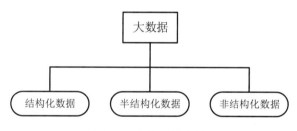

图 4-5 大数据的分类

其中，非结构化数据为大数据的主要组成部分。IDC 的调查报告显示，企业中 80%的数据都是非结构化数据，而且这些数据每年还在以 60%的速度增长。

1. 结构化数据

结构化数据是指包括预定义的数据类型、格式和结构的数据，以行为单位进行存储，常见于关系型数据库中的数据，其一般以二维表的形式进行逻辑表达，一行数据表示一个实体信息，一列数据表示实体的某个属性。图 4-6 所示为一个简单的关系型数据实例。

id	name	age	gender
1	lyh	12	male
2	liangyh	13	female
3	liang	18	male

图 4-6 一个简单的关系型数据实例

从图 4-6 中可以看出，结构化数据的存储和排列都是有规律的，这对查询和修改等操作很有帮助。结构化数据常见于保险业数据、银行业数据、政府企事业单位数据等依托于传统数据技术的企业。

另外，结构化数据能让网站以更好的姿态展示在搜索结果当中。例如，网站的搜索引擎都支持结构化的数据标记，以便使用户体验到更好的上网效果；网页内的微数据标记能够帮助搜索引擎理解网页上的信息，方便搜索引擎识别不同的分类，从而判断其相关性；在搜索结果中，结构化数据还能提供更丰富的搜索结果摘要，帮助用户进行具体信息的查询等。良好的网页显示结构无形中提高了网站的访问率。

2．半结构化数据

半结构化数据是指具有可识别的模式并可以解析的文本数据文件。它虽然具有一定的结构性，但是和严格理论模型的关系型数据相比更灵活。一般情况下，人们在进行信息系统设计时，都希望将系统信息保存在某一个指定结构的关系型数据库中，先按照业务分类设计对应的表格，再把数据保存到对应表格中。例如，在制作学生基本信息时，要保存的基本数据属性包括学号、姓名、性别、身高、出生日期、联系方式等，可以根据这些属性建立一个对应的信息表格。但是，并不是所有的信息都可以利用这种标准的格式表来表示，例如，描述包含在两个或多个数据库（这些数据库含有不同模式的相似数据）中的数据时。

半结构化数据是一种灵活的数据，虽然它携带了"模式"这一信息，但这个"模式"并不是一成不变的，其可以随时间的变化在单一数据库内任意改变。所以，半结构化数据会使查询变得困难，其虽有结构，但不能模式化。例如，XML 和 JSON 表示的数据就具有半结构化数据的特点。对于两个 XML 文件，第一个 XML 文件可能如图 4-7（a）所示，第二个 XML 文件可能如图 4-7（b）所示。

```
<person>                              <person>
    <name>A</name>                        <name>B</name>
    <age>13</age>                         <gender>male</gender>
    <gender>female</gender>           </person>
</person>
```

（a）　　　　　　　　　　　　　　　　　　（b）

图 4-7　半结构化数据展示

从图 4-7 所示的两张图中可以看到，属性的顺序并不重要，不同的半结构化数据的属性个数可以不相同。在图 4-7 中，<person>标签是树的根节点，<name>和<gender>标签是子节点。半结构化数据可以自由地表达很多有用的信息，相较于结构化数据，半结构化数据具有更好的灵活性，可以适应更广泛的应用的要求，更便于描述客观事物。所以，半结构化数据的扩展性更好。

3．非结构化数据

非结构化数据是指不适合用数据库二维表来表现的数据，它与结构化数据是相对的。非结构化数据没有固定的结构，没有预定义的数据模型。办公文档、HTML、各类报表、图片、视频、音频等都属于非结构化数据。对于这类数据，一般采取直接整体存储的方式，以二进制的数据格式进行存储。

非结构化数据的格式非常多样，标准也是多样的，而且在技术上，非结构化数据比结构化数据更难标准化和理解。所以，存储、检索、发布及利用非结构化数据需要更加智能化的信息技术，如海量存储、智能检索、知识挖掘、内容保护、信息的增值开发利用等。非结构化数据没有限定的结构形式，表示灵活，包含了丰富的信息。因此综合看来，在大数据分析挖掘中，掌握非结构化数据处理技术是至关重要的。

4.2.4　大数据应用

大数据应用是指大数据价值创造的关键在于大数据的应用，随着大数据技术的飞速发展，大数据应用已经融入各行各业。

大数据产业正快速发展成为新一代的信息技术和服务业态，即对数量巨大、来源分散、格式多样的数据进行采集、存储和关联分析，并从中发现新知识、创造新价值、提升新能力。我国大数据应用技术的发展涉及科学研究、社会生活、政府管理等领域。

1．科学研究领域的应用

图灵奖获得者吉姆·格雷等人在联合编写的 *The Fourth Paradigm：Data-Intensive Scientific Discovery* 一书中，将人类科学的发展定义为四种范式。

① 几千年前，记录和描述自然现象的经验科学称为第一范式。

② 数百年前，利用模型归纳总结过去记录的科学称为第二范式。

③ 过去数十年，利用计算机对复杂现象进行模拟仿真的计算科学称为第三范式。

④ 如今，随着数据的暴发式增长，计算机不仅能进行模拟仿真，还能进行分析和总结，进而得到理论，这就是第四范式，也称为数据密集型科学。

这里的第四范式即现在的"大数据"。同样是利用计算机进行计算，第三范式和第四范式的区别是什么呢？答案很简单：第三范式是先提出理论，再搜集数据，最后通过计算仿真来验证理论；而第四范式则是先搜集数据，通过计算得出未知的可信理论。简单来说，一个是证明理论，一个是推导理论。

举个简单的实例。当一个城市出现了雾霾现象时，以前的研究是这样的：首先，发现了雾霾现象，所以想知道什么是雾霾，如何预防雾霾；然后，发现雾霾的形成除源头、成分组成外，还和气候、地形、风向、湿度等因素相关，对应的参数收集超出了可控范围，那么，这个时候就先只保留简单、重要的参数，提出一个理论，再搜集数据用于计算机模拟，验证这个理论的正确性，并不断对其进行修正；最后，得出一个正确性较高的结果模型，以此对可能形成的雾霾天气进行预测。这就是第三范式的做法。很明显，只有获取更加全面的数据才能保证探索出雾霾的真正成因，并做出更科学的预测。第四范式的做法是在雾霾容易出现的地点布置多个监测点，收集海量数据，然后通过收集到的数据对雾霾的成因和预测结果进行分析，最后验证预测结果的正确性，从中总结出一个可靠的理论。

事实上，当前大数据时代面临的挑战已经不再是缺少数据，而是在数据太多的情况下，如何更好地使用它们。当前体量的数据已经远远超过了普通人和个人计算机的理解和认知范围。但幸运的是，随着技术的发展，出现了超级计算机、计算机集群、分布式数据库，以及基于互联网的云计算。这些技术的出现使得更好地运用第四范式的科学研究成为可能。

2．社会生活领域的应用

在社会生活领域，大数据决策逐渐成为一种新的趋势，大数据应用有力地促进了信息技术与各行各业的深度融合，正逐步、深入地改变着人们的社会生活，并为人们的日常生活带来更多的便利和自由。

（1）大数据让人们可以"运筹帷幄之中，决胜千里之外"。例如，假期的出游、周末的会客等日程都可以利用手机的平台客户端进行查询和预订，平台提供了多数据的分析和查询结果，可以根据不同的季节、人文、爱好、气候等为不同的用户分析出不同的结果，然后用户可以根据对应的资源去制定适合自己的消费模式。

（2）大数据时代的新闻媒体所报道的内容更加贴近民生，也更加实时高效，覆盖范围也越来越广。另外，传媒领域在大数据技术的支持下，可以做到更加精准的营销，直达目标客户群体。

（3）大数据技术真正实现了"地球村"，构建了全球化的社交和定位网络，让全球各个国家或地区的人民都可以通过统一的社交平台来分享自己的生活。一些人积极的生活态度可以对更多人起到积极作用；一些企业也可以利用这些数据对平台进行分析和挖掘，指导平台完善和改进，为人们的社会生活提供更多切实有用的资讯，从而为整体的社会生活提供高效服务和高端体验。

所以，"大数据"三个字表面看起来很冰冷，不了解它的人会以为与它相隔甚远。其实不然，大数据已经在各个方面融入我们的生活了。

3. 政府管理领域的应用

在大数据时代背景下，政府管理一直是整个社会关注的热点，而大数据也给政府的创新管理带来了巨大的挑战和机遇。基于此，近年来一些地方政府纷纷提出要把大数据作为基础性战略资源来看待，着手建立"用数据说话、用数据决策、用数据管理、用数据创新"的管理机制。

政府对于社会经济的发展管理涉及农、林、牧、副、渔等各行各业，在政府主导的市场经济下，我国政府起到了战略把握、宏观调控的主导作用；在财政、货币、汇率、投资等资本市场中，政府的管理也起着举足轻重的作用；政府站在涉及国家发展战略的指导高度上，还需要准确把握与其他国家的外交发展方向、国际贸易和交流、社会人文思潮的发展等。政府管理对于国民经济发展的重要性不言而喻，而大数据在政府管理的科学高效和规划预测方面有着极其重要的指导作用和预见性，主要可以从以下几方面来体现。

① 政府利用大数据平台搭建了社会经济各个层面的信息管理公共服务平台，有效地解决了民生问题，如铁路订票系统、高速公路的 ETC 系统、网络报税系统和医院预约挂号服务等。

② 大数据使政府在社会资源的整体规划和分配方面更加准确，如城市交通网络规划、电网规划、城市建设布局等。

③ 大数据有利于政府管理"数字化""货币化""资本化"。无论是财政数据还是金融数据，最终融合后经过大数据分析可以显示并标记整个国家的经济实力和运转情况。利用大数据的整体分析和预测特性，还可以帮助政府有效掌握国家经济的整体运转情况，保证财政平衡和社会资本的可持续发展。

大数据可以说无处不在，包括金融、汽车、餐饮、电信、能源、体育和娱乐等在内的社会各行各业都已经有了大数据的身影。

4.2.5　大数据面临的机遇与挑战

1．大数据面临的机遇

对企业而言，大数据颠覆了传统数据信息的结构，形成了一个流动的、信息共享的数据池。企业可以利用大数据灵活的技术形式实现对数据的深层挖掘与应用。这种商业模式既可为企业盈利，又可以提高企业的竞争实力，为企业的发展带来更大的机遇。

对信息产业而言，大数据为其创造了一个更高的增长点；对硬件而言，大数据要求其快速、高效、实时等，从而促进了芯片、存储产业的重要变革，催生出一体化的数据存储、内存计算等产业链；在软件、服务领域，为了挖掘出大数据中蕴含的巨大价值，数据挖掘和商业智能市场将快速发展，并空前繁荣。

另外，移动互联网、社交网络、电商行业、物联网等信息技术的发展都是以大数据技术为节点，不断采集产生的数据信息，通过对不同数据的预处理、分析和优化，将结果反馈到各应用中去的，从而达到进一步改善用户体验，创造巨大商业价值、社会价值和经济价值的目的。

当然，以上介绍的内容仅仅是大数据时代机遇的冰山一角。2021 年 9 月 6 日，国家主席习近平向可持续发展大数据国际研究中心成立大会暨 2021 年可持续发展大数据国际论坛致贺信强调："希望各方充分利用可持续发展大数据国际研究中心平台和本次论坛，共谋大数据支撑可持续发展之计，加强国际合作，合力为落实 2030 年议程、推动构建人类命运共同体作出贡献。"

2．大数据面临的挑战

任何事物都是一把双刃剑，大数据的快速发展为信息带来发展机遇的同时，也带来了一些挑战。大数据在提高数据信息价值的同时，信息的频繁交互导致信息安全事故频发，有的已经造成了巨大的损失。所以，日益严峻的安全形势对大数据时代的信息安全技术和工具均提出了更高的要求，这也是大数据面临的最大挑战。

① 大数据时代面对的是海量信息，其中包含大量的个人或企业隐私信息，甚至国家的机密信息等。为了有效地保护这些信息，不让信息被人为滥用，进而导致人身安全受威胁等问题，很多信息安全技术和工具正等待着我们去攻关，因为传统的信息安全技术早已失去意义。

② 与传统的数据技术理念不同，大数据的结构大部分是非结构化的，这就要求大数据的信息必须是可靠安全的。例如，如果黑客侵入了系统，并恶意增删了部分信息，这必将给企业或者国家造成巨大的损失。所以，保证大数据的可靠性和安全性是保证分析结果准确所面临的新课题。

③ 由于大数据时代的数据量太过庞大，一般采用云端存储，因此数据管理和用户进行数据处理的场所都具有不确定性。例如，非法用户和合法用户难以区分，可能会导致非法用户入侵，重要数据被盗取。大数据在给信息安全带来机遇的同时，也带来了前所未有的挑战。

任务实施

向自己的亲朋好友解释大数据的概念，并举一个典型的大数据应用案例进行说明。

任务评价

本任务的任务评价表如表 4-3 所示。

表 4-3　任务 2 的任务评价表

评估细则	分值（分）	得分（分）
大数据的概念解释正确，内容完整	30	
大数据应用案例典型、恰当	20	
叙述条理性强、表达准确	20	
语言浅显易懂	15	
对方能理解、接受你的叙述，并举出另外的大数据应用案例进行说明	15	

任务 3　认识人工智能技术

任务描述

本任务将带领大家了解人工智能的基础知识，帮助大家认识人工智能的定义与应用，人工智能的起源与发展，人工智能相关概念及研究领域，人工智能的类型及其与物联网的关系。

任务目标

知识目标

◇ 了解人工智能的定义与应用
◇ 了解人工智能的起源与发展

能力目标

◇ 能够描述人工智能的定义
◇ 能够分析典型的人工智能应用场景
◇ 能够理解人工智能与物联网的关系

素质目标

◇ 培养主动观察的能力
◇ 培养独立思考的能力
◇ 培养积极沟通的习惯
◇ 培养团队合作的精神

◇ 激发科技兴国的爱国热情

◇ 激发科技报国的爱国情怀

➡ 知识准备

引导案例一——AlphaGo 的故事

围棋是中国的国粹，变化繁多，是世界上最具挑战性的棋类游戏之一。人们曾经一致认为计算机在较长一段时间内不可能战胜职业棋手。然而，人们显然低估了人工智能的发展速度。2015 年 10 月，谷歌出人意料地公布了一则消息：围棋软件 AlphaGo 以 5：0 完胜欧洲围棋冠军樊麾（职业二段），并公布了全部棋谱！这是 AlphaGo 首次在分先状态下战胜职业棋手，引起了围棋界的广泛关注。但人们根据 AlphaGo 当时的水平，依然认为 AlphaGo 不可能战胜人类围棋顶尖高手。2016 年 3 月，万众瞩目的人机大战——AlphaGo 对战韩国著名围棋棋手、世界冠军李世石（职业九段）拉开了序幕。最终，AlphaGo 以 4：1 的悬殊比分战胜了李世石，引起了全人类的广泛关注。谷歌随后在世界顶级杂志《Nature》上撰文介绍了 AlphaGo 所采用的算法。但个别人认为李世石已经过了巅峰期，AlphaGo 能否战胜最优秀的人类棋手尚未可知。2017 年 1 月，AlphaGo 以"大师"的网名，在两个著名围棋对弈网站"弈城"和"野狐"上连番鏖战，以 60：0 的绝对优势战胜了当时最优秀的人类棋手。2017 年 5 月，AlphaGo 迎来了与当今世界上优秀的人类棋手——柯洁（职业九段）的终极对决，并以 3：0 的压倒性优势获胜。

谷歌在赛后宣布 AlphaGo 从此退出江湖，并公布了 AlphaGo 左右手互搏的 60 盘棋谱。

引导案例二——ChatGPT 火遍全球

2022 年末，人工智能实验室 OpenAI 发布了一款名为 ChatGPT 的自然语言生成式模型。由于 ChatGPT 能解答网友的各种刁钻问题，一经问世，就迅速引发全球关注，上线 5 天后，其体验用户已经突破 100 万人。网友纷纷开始各出奇招，在大量网友的"疯狂"测试中，ChatGPT 表现出各种惊人的能力：普通聊天、信息咨询、撰写诗词作文、修改代码、流畅对答、写剧本、辩证分析问题、纠错等，这让记者、编辑、程序员等从业者都感受到了威胁，更不乏其将取代谷歌搜索引擎之说。ChatGPT 的出色表现更加激发了网友的热情，仿佛不把 ChatGPT 难倒，人们誓不罢休。不少网友夜以继日，提出各种问题和任务，与 ChatGPT 进行对话互动，并乐此不疲。特斯拉创始人马斯克称："许多人陷入了疯狂 ChatGPT 循环中。"如图 4-8 所示。功能如此全面、强悍的 ChatGPT 被称作"最强 AI"，有人戏称 ChatGPT 可以拳打程序员，脚踢搜索引擎，差不多是一个无所不知的智者了。比尔·盖茨评论 ChatGPT：其重要性不亚于互联网的发明。

图 4-8　马斯克调侃人们陷入 ChatGPT 循环

4.3.1　人工智能的定义

人工智能分为"人工"和"智能"两部分，"人工"就是人力所能创造的，通常意义下指人工系统。"智能"的概念较难界定,目前没有统一的定义。

人工智能企图了解智能的实质,并生产出一种新的能以与人类智能相似的方式做出反应的智能机器,人工智能是嵌入机器中的智能,不是人的智能,但能像人那样思考,也可能超过人的智能。人工智能机器经过训练后可以模仿人类或动物的智能、情感和行为。换句话说,人工智能是一种计算机程序,其开发方式使其拥有自己的思维,并从实验中学习。人工智能是研究和开发用于模拟、延伸、扩展人的智能的理论、方法、技术及应用系统的一门新的技术科学,是计算机科学的一个分支。

4.3.2　人工智能应用

我们不仅看到了人工智能用于精密检测的机器视觉系统、用于装配作业的初级智能机器人系统和用于微型计算机的自然语言接口及各种专家系统,还看到了人工智能在智能家居、智能大楼、车用系统等设备中的广泛应用。人工智能+工业、人工智能+司法、人工智能+家居、人工智能+客服、人工智能+城市、人工智能+车载、人工智能+医疗、人工智能+机器、人工智能+营销、人工智能+运营商、人工智能+撰写、人工智能+翻译等领域的热度一直居高不下。

近年来,人工智能在包括但不限于如下领域的诸多领域的创新应用取得了非凡成绩:机器下棋,攻克了围棋;自动驾驶,已安全行驶数十万千米;语音合成,超过了一般自然人的说话水平;知识竞赛,已经打败人类冠军;纸笔阅卷,达到人类专家的水平;语音识别,达到97%的识别率;语音评测,超过国家级评测员的水平;撰写新闻,可以写体育类新闻稿件;人脸识别,超过人类肉眼水平;机器翻译,达到可用水平;应聘程序员,ChatGPT通过了年薪18万美元的谷歌 Level 3 级别工程师的入职测试。

麦肯锡全球研究院对全球 800 多种职业所涵盖的 2000 多项工作内容进行了分析,认为约 50%的工作在 2035—2075 年之间可以通过人工智能实现自动化,这些工作遍布各行各业,如长途运输业、出租车行业、物流运输业、传统制造业、金融业、翻译行业、会计行业、税收行业、审计行业、医疗行业、传媒行业、教育行业、司法行业等。

人工智能涉及的应用领域与技术架构如图 4-9 所示。

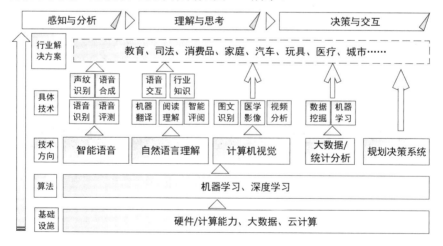

图 4-9　人工智能涉及的应用领域与技术架构

4.3.3　人工智能的起源与发展

与其他物种相比，人的智能要高出许多，这是人类得以不断进步、最终成为万物之灵的根本原因。人脑通过学习而非编程进行阅读、记忆、推理、规划、决策、经验积累及思考等。

人的智能主要表现在以下几方面：能够借助语言、图形和文字，进行深层次交流；能够通过学习和思考，掌握新知识；能够通过科学研究，提出新理论和新方法，认识客观规律；能够通过技术发明，制造新的工具，提高劳动生产率，改善生活质量。

利用计算机最大限度地将人类从烦琐的体力劳动中解放出来，用更多的时间从事精神层面的创造性工作——这是人类研发人工智能的最初动机！如今，人工智能已经发展到不仅能代替人进行体力劳动，还能代替人进行简单脑力劳动和某些创造性工作了！人工智能是如何发展到目前的局面的呢？人工智能的发展经历了萌芽、诞生和三次浪潮。

1．人工智能的萌芽

1950年，英国计算机科学家艾伦·麦席森·图灵首次研究如下问题：机器能否具备人类那样的思维能力？他在《心智》杂志上发表了一篇题为"计算机器与心智"的文章，提出了"机器能不能思考？"这一课题，因此他被称为人工智能之父。

艾伦·麦席森·图灵发明了图灵测试，图灵测试是一种测试机器是否具有人类思维能力的方法。一个人向计算机发问，计算机进行回答，若人不能够判断与之交流的是人还是计算机，则计算机通过了图灵测试，即计算机具有智能。

艾伦·麦席森·图灵被誉为计算机科学之父和人工智能之父。为了纪念他，美国计算机学会（ACM）设立了图灵奖，每年颁发一次，以表彰在计算机科学领域做出了重大贡献的科学家们，这个奖被誉为计算机界的诺贝尔奖。

2．人工智能的诞生

1956年夏季，以克劳德·香农、约翰·麦卡锡、马文·明斯基、亚瑟·塞缪尔等为首的一批年轻科学家在美国达特茅斯学院举办研讨会，研究如何让机器具有思维能力，约翰·麦卡锡首次提出"人工智能"的概念，它标志着"人工智能"新兴学科的正式诞生。

3．人工智能的发展

人工智能的发展经历了三次浪潮。

（1）人工智能的第一个黄金期（第一次浪潮）。

20世纪50年代中期至20世纪60年代末是人工智能的第一个黄金期。

美国政府投入了大量资金支持一批知名学者对人工智能的理论和技术进行深入研究，诞生了一大批研发人工智能产品的高科技公司。

在人工智能发展的早期，用计算机实现智能的基本思路如下：通过理论研究和模拟实验，了解智能的产生机制；用算法和软件再现智能。

（2）人工智能的低谷期。

人的智能与大脑的工作原理密切相关。科学家经过长期努力，仍没能搞清楚大脑的工作原理，导致人工智能没能取得突破性进展，人工智能的发展陷入了低谷。

20世纪70年代，当时计算机的内存和处理速度不足以解决任何实际的人工智能问题。即使只要求程序对这个世界具有儿童水平的认识，研究者们也很快发现这个要求太高了。

1970年，没人能够做出巨大的数据库，也没人知道一个程序怎样才能学到丰富的信息。由于缺乏进展，为人工智能提供资助的机构（英国政府、美国国防部高级研究计划局、美国国家科学研究委员会等）对无方向的人工智能研究逐渐停止了资助，人工智能的发展再次遭遇瓶颈。

（3）人工智能的繁荣期（第二次浪潮）。

1981年，日本启动第五代计算机项目，当时被叫作人工智能计算机。这是由日本主导的超大型项目，前后历时10年，日本经济产业省总计投入570亿日元。

1983年，J.Hopfield解决了NP难题，使得"连接主义"学派重新受到重视。人工智能的三大学派分别为符号主义、连接主义、行为主义。

1984年，美国启动了大百科全书（Cyc）项目，其目标是使人工智能的应用能够以类似人类推理的方式工作。

1986年，D.E.Rumelhart等人发明了BP算法。BP算法的特点是信号前向传递，而误差后向传播。这是迄今为止最成功的神经网络学习算法，掀起了神经网络的第2次浪潮。

（4）人工智能的"冬天"。

20世纪80年代末到20世纪90年代初期，日本第五代计算机项目和美国Cyc项目并没有得到令人满意的结果，人工智能的发展又进入了"冬天"。

日本第五代计算机研发了10年，没能取得预期成果。由于缺乏数据，日本第五代计算机只能通过强化推理来实现类人智能，没有成功。

人工智能专家系统的实用性仅仅局限于某些特定场景。虽然人们最初对人工智能专家系统有狂热追捧，但不久后人们转向失望。

美国国防部高级研究计划局认为人工智能并非"下一个浪潮"，拨款逐渐倾向于那些看起来更容易出成果的项目。

（5）人工智能的复兴（第三次浪潮）。

从21世纪开始，微电子技术与互联网的进步为人工智能的复兴奠定了物质基础。

微电子技术：随着微电子技术的飞速进步，计算机的性能得到了极大的提升，为机器学习提供了强大的计算能力和存储空间。

互联网：随着互联网的普及和发展，网络上的数据量急剧增长，为机器学习提供了海量的样本数据。

1997年，IBM的计算机"深蓝"战胜国际象棋世界冠军卡斯帕罗夫，成为首个在标准比赛时限内击败国际象棋世界冠军的计算机系统。

20世纪90年代，统计学习进入人工智能领域，代表性技术是支持向量机（Support Vector Machine，SVM）。统计学习是人工智能领域最重要的进展之一，SVM主要用于分类与预测，如模式识别领域中的数据分类。

2006年，Hinton提出深度学习的概念，这是人工智能近年来有突破的最大原因。深度学习是模仿人工神经网络发展而来的。

2011年，IBM的人工智能沃森（Watson）在美国智力问答节目中打败了人类冠军，赢得100万美元的奖金。IBM开发Watson旨在建造一个能与人类回答问题能力匹敌的计算机系统，这要求其具有足够的速度、精确度和置信度，并且能使用人类的自然语言回答问题。

2012 年，虚拟大脑 Spaun 诞生。它是加拿大神经学家团队创造的一个具备简单认知能力，有 250 万个模拟"神经元"的虚拟大脑，其通过了最基本的智商测试。

2013 年，深度学习算法被广泛应用到产品开发中。Facebook 人工智能实验室成立，探索深度学习领域，借此为 Facebook 用户提供更智能化的产品体验；谷歌收购了语音和图像识别公司 DNNresearch，推广深度学习平台；百度创立了深度学习研究院。

2013 年，Amazon 自动无人驾驶飞机项目启动。

2015 年，谷歌的自动驾驶汽车开始实地实验。自动驾驶汽车是在没有任何人类主动操作的情况下，实现无人驾驶的智能汽车。同年，OpenAI 公司由一群科技领袖创立。

2017 年，Amazon 在全球已率先启用了"无人驾驶"智能供应链系统。

在人工智能领域，以谷歌、苹果、微软为代表的一批国际 IT 企业和以百度、阿里巴巴、腾讯为代表的一批中国 IT 企业均投入了大量人力、财力、物力资源，各大公司在人工智能领域取得的突破也越来越多，拉开了人工智能复兴的大幕。

人工智能的发展历程如图 4-10 所示。

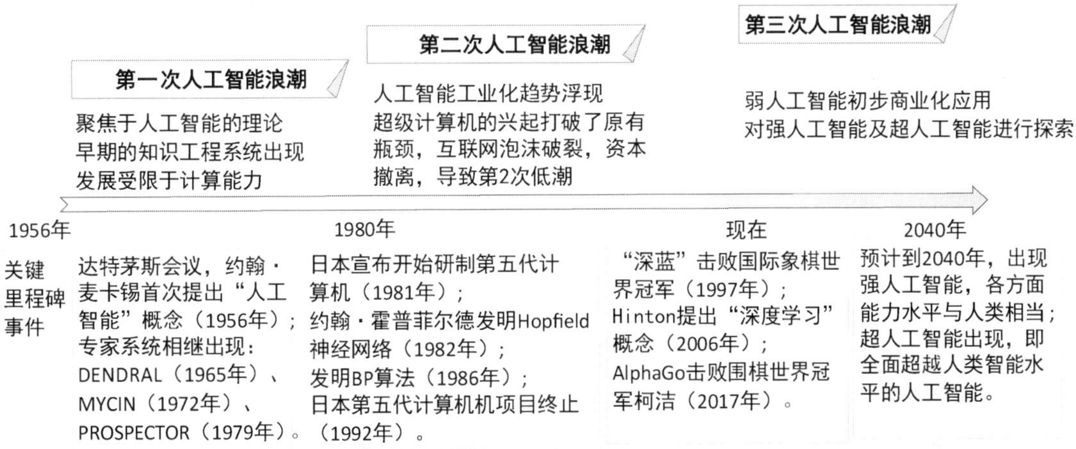

图 4-10　人工智能的发展历程

4.3.4　人工智能的相关概念及研究领域

1. 机器学习

在人工智能的发展陷入低谷之后的很长一段时间里，人们不再提起人工智能，而是将研究重点放在机器学习上面。

所谓机器学习，就是以统计分析为依据，为计算机提供足够多的学习样本，让计算机通过自我学习掌握其中的规律，进而解决问题，即先利用数据训练出模型，再使用模型预测的一种方法。机器学习是一门多领域交叉学科，涉及概率论、统计学、逼近论、算法复杂度、模式识别、计算机视觉、数据挖掘、自然语言处理等多门学科。

2．人工神经网络

人工神经网络是模仿大脑的结构提出的一种机器学习方法。

从 20 世纪 80 年代初开始，以美国学者约翰·霍普菲尔德为首的一批学者致力于研究人工神经网络的工作原理及其应用，提出了 Hopfield 神经网络的概念及其学习算法。

在当时，由于计算机性能有限，样本数据有限，深度学习算法没能得到很好的应用。如今，人工智能不再以了解大脑结构为前提，而是依靠计算机强大的计算能力、存储能力，以及互联网海量的样本数据，运用以深度学习和强化学习为代表的机器学习方法进行蛮力学习，实现人工智能。在新思路的指引下，人工智能取得了重大突破。

3．人工智能的研究领域

目前，人工智能的研究领域包括机器人、语言识别、图像识别、自然语言处理和专家系统等；研究内容包括认知建模、知识学习、推理及应用、机器感知、机器思维、机器学习、机器行为和智能系统等。斯坦福大学的"人工智能百年研究"报告《2030 年的人工智能与生活》指出，人工智能的研究趋势主要有大规模机器学习、协同系统、深度学习、众包和人类计算、强化学习、算法博弈理论与计算机社会选择、计算机视觉、物联网、自然语言处理、神经形态计算。

4.3.5　人工智能的类型

科大讯飞首次提出人工智能三阶段：计算智能（能存会算）；感知智能（能听会说、能看会认）；认知智能（能理解会思考）。其中，感知智能即对直觉行为的模拟，如视觉、听觉、触觉、嗅觉等；认知智能即对人类深思熟虑行为的模拟，包括记忆、阅读、推理、规划、决策、知识学习与思考等高级智能行为；还有一个没被提及的创造性智能，如顿悟、灵感。

人工智能有以下四种类型。

（1）反应型人工智能。

这是最古老的人工智能形式，它们不存储记忆，也不从过去的经验中学习。

（2）记忆型人工智能。

这些人工智能是反应型人工智能的改进版本，能够从它们之前收集的数据中学习。这些人工智能接受了大量数据的训练，并利用它们对之前行为的记忆来定义当前问题的解决方案。当今的大多数人工智能都属于这一类，如聊天机器人、自动驾驶汽车。在无先验知识的常识推理领域，机器推理尚达不到六岁儿童水平，通用人工智能才刚刚起步。

（3）心智理论。

心智理论是人工智能领域一个非常先进的范畴，目前仍有多项研究在进行中。这些是我们在科幻电影中常看到的人工智能类型。这些人工智能有能力理解人类的欲望、意图，并根据人工智能理论形成决策。在未来，人工智能机器可能有足够的能力理解我们的思维过程，并根据我们的情绪、信念、环境等与我们互动。

（4）自我意识。

这类人工智能将具有自我意识，是人工智能发展的顶点。人工智能的进化必须达到这个阶段，才能有自己的想法。事实上，人工智能的这种进步也可能对人类造成危险，许多组织已经提出法律，尊重人类的自主权而不是人工智能。

4.3.6 人工智能与物联网

物联网和人工智能的结合带来了 AIoT（人工智能物联网）的概念，AIoT=AI（人工智能）+IoT（物联网）。其中人工智能是核心技术能力，物联网是产业落地场景。人工智能与物联网的融合，本质上就是将人工智能的能力注入物联网的场景之中，实现产业的数字化、智能化改造，进而推动实体产业的高质量发展。

AIoT 融合了人工智能技术和物联网技术，通过物联网产生、收集海量的数据并将其存储于云端、边缘端，再通过大数据分析及更高形式的人工智能实现万物数据化、万物智能化，物联网技术与人工智能追求的是一个智能化生态体系，技术上需要不断革新，技术的落地与应用是核心。

1. 物联网为人工智能提供强有力的数据扩展

人工智能能同时分析过去和实时的数据，做出合理的推断及对未来的预测。对于人工智能来说，它处理和从中学习的数据越多，预测的准确率越高。物联网连接了大量不同的设备及装置，可以提供人工智能所需的持续数据流。物联网是让人工智能具备行动能力的一个前提。

2. 人工智能有助于物联网提高运营效率

人工智能的决策可以通过物联网来实施，人工智能可以最大化物联网带来的价值。

物联网负责互联设备间数据的收集及共享，而人工智能则是将数据提取出来后做出分析和总结，从而解读发展趋势，并对未来事件做出预测，促使互联设备间更好地协同工作，人工智能让物联网更加智能化。例如，利用人工智能监测工厂设备零件的使用情况，从数据分析中判断可能出现问题的概率，并做出预警提醒，从而降低故障影响，提高运营效率。又如，人工智能可以帮助互联设备应对突发事件，当设备检测到异常情况时，人工智能会为它做出采取何种措施的决策，大大提高处理突发事件的准确度。

3. 人工智能与物联网相辅相成，密不可分

人工智能需要物联网作为载体，物联网需要人工智能来驱动。

我们大可不必研究人工智能和物联网两者间谁占据主导地位。与其说两者有什么区别，不如说两者其实是相辅相成、相互联系的"共同体"。只有它们同时使用，才能突出人工智能和物联网的最大优势。

人工智能和物联网的结合之所以大受欢迎，是因为物联网有助于将物理世界数字化，而人工智能解决方案则可以在更短的时间内轻松处理和分析大量数据。人工智能与物联网在实际应用中的合理融合可以实现效益最大化。

任务实施

两个同学组成一组，讨论人工智能迎来发展新机遇的原因及未来发展趋势，并进行主题汇报，限时 3 分钟。

任务评价

本任务的任务评价表如表 4-4 所示。

表 4-4　任务 3 的任务评价表

评估细则	分值（分）	得分（分）
人工智能迎来发展新机遇的原因及未来趋势叙述恰当、合理	50	
叙述条理性强、表达准确	20	
语言浅显易懂	15	
听者能理解、接受你的叙述	15	

任务 4　认识物联网平台

任务描述

在本任务中，我们将了解物联网平台的产生背景、物联网平台的功能和类型，以及物联网平台的作用，了解并调研市面上常见的物联网平台。

任务目标

知识目标

◇ 了解物联网平台的产生背景
◇ 了解物联网平台的功能
◇ 了解物联网平台的类型
◇ 了解市面上有代表性的物联网平台

能力目标

◇ 能够理解物联网平台在物联网业务中的作用
◇ 能够理解物联网平台的商业价值

素质目标

◇ 培养主动观察的意识
◇ 培养独立思考的能力
◇ 培养积极沟通的习惯

- ✧ 培养团队合作的精神
- ✧ 激发民族自豪感
- ✧ 激发科技兴国的爱国热情
- ✧ 激发科技报国的爱国情怀

知识准备

引导案例——物联网平台助力汽车制造商

某汽车制造商是中国领先的品牌汽车制造商，在全球多个国家和地区建有产品研发中心和制造工厂，全球累计销售汽车超千万台，是具有全球影响力和竞争力的民族品牌。在当前汽车行业向智能互联应用转型的关键时期，该汽车制造商希望利用车联网、自动驾驶、智能座舱等技术来打造有竞争力的智能汽车。

该汽车制造商基于阿里云物联网平台实现了实时监测车辆电池状态、能耗曲线可视化及软硬件 OTA（Over The Air，空中激活，通过 OTA 技术可对汽车进行远程升级）升级等；开发了手机 App，实现实时获取车辆信息、远程控制车辆等功能。物联网平台的高稳定性、低时延为其提供了毫秒级远程控制的高质量体验。该汽车制造商利用车联网改进了驾乘体验并提高了维护效率，使其打造的智能汽车更具竞争力。

4.4.1 物联网平台的产生背景

目前，物联网的发展已形成较大规模，物联网产业已进入"跨界融合、集成创新、规模应用、生态加速"的 2.0 产业爆发期，但是物联网在技术、管理、成本、政策、安全等方面和以往的网络形态（互联网等）存在许多不同：感知层的数据多源异构，不同的设备有不同的接口、不同的技术标准；网络层由于使用的网络类型不同，因而存在不同的网络协议；应用层也因行业的应用方向不同而存在不同的应用协议和体系结构。

物联网的发展面临着诸多难题。①上线周期长：新业务上线周期长，应用碎片化，开发周期长，产品上市慢；②设备标准多：设备众多，集成困难，终端/传感器厂家众多，协议、标准不统一；③网络选择难：网络类型多，网络连接复杂，网络安全性要求、实时性要求、服务质量要求达标难。

为应对上述挑战，物联网亟须建立统一的体系架构和统一的技术标准，物联网平台正是在这样的背景下诞生的。物联网平台在物联网业务中起终端接入解耦、能力开放、安全可靠的支撑作用。物联网平台作为物联网重要的基础设施，随着产业中不断出现的各类新技术、新商业模式、新产业生态，呈现出了 4 段主要的发展历程。

萌芽阶段（2009—2014 年）：在 2014 年前后，智能硬件、智能家居行业兴起，"物联网平台"概念被提出，在那之前的物联网产业以 RFID 技术、传感器技术等零散的技术为主，很多系统仍然是分散化的烟囱式系统，没有物联网平台统一架构的概念。物联网平台的出现在技术层面解决了这一窘境。

成长阶段（2015—2017 年）：2017 年，以 NB-IoT 为代表的 LPWAN 技术火了起来，带动了水表、烟感、共享单车这类应用的落地，以及其他物联网需求的迅速增长。物联网平台所具备的连接管理、设备管理、应用开发、数据分析能力吸引了包括通信运营商和设备商、互联网企业、软件系统服务商，以及垂直领域企业加入平台建设，大量资本涌入。

探索阶段（2018—2023 年）：IaaS 市场逐步成熟，公有云厂商陆续从云平台深入物联网平台；一部分物联网平台企业也正在基于条件的成熟，将连接管理平台（Connectivity Management Platform，CMP）发展为更上层的应用使能平台（Application Enablement Platform，AEP），面向垂直行业发力。平台厂商开始强调自身的技术深度、应用广度和经验厚度，并探索在未来能长久运营的创新产品。

稳定阶段（2023 年以后）：在 5G 时代，千行百业被纳入物联网，物联网企业后期的核心规划将不再是关注底层硬件或通信技术，而是关注软件平台和垂直行业应用，深度挖掘物联网带来的商业价值。物联网平台将成为各项应用的基础设施，成为有规模、成本低、使用便利的软件和服务，满足万物互联背景下物联网解决方案的各项需求。

目前，业界较有代表性的物联网平台有华为 OceanConnect 平台、中移物联网 OneNET 平台、阿里云 Link 平台、京东小京鱼、腾讯云 IoT Explorer、小米 IoT 平台、IBM Watson IoT、ThingWorx、浪潮云洲工业互联网平台、新华三物联网、机智云等。

4.4.2 物联网平台的概念

物联网平台由物联网中间件这一概念逐步演进形成。简言之，物联网平台是网络技术与云计算的融合，是架设在 IaaS 层上的 PaaS 软件，通过联动感知层和应用层，向下连接、管理物联网终端设备，归集、存储感知数据，向上提供应用开发的标准接口和共性工具模块，以 SaaS 软件的形态间接触达最终用户(也存在部分行业为云平台软件,如工业物联网)，通过对数据的处理、分析和可视化，驱动理性、高效决策。物联网平台是物联网体系的中枢神经，协调整合海量设备、信息，构建高效、持续拓展的生态，是物联网产业的价值凝结。随着设备连接量的增长、数据资源的沉淀、分析能力的提升、场景应用的丰富和深入，物联网平台的市场潜力将持续释放。

4.4.3 物联网平台层及其功能

物联网平台是联动感知层和应用层的中枢系统，在物联网架构中起承上启下的作用。物联网平台向下连接海量设备，可为设备提供安全可靠的连接通信能力，支撑数据上报至云端，向上提供云端 API，服务端通过调用云端 API 将指令下发至设备端，实现远程控制。物联网平台层以感知数据为养分，通过各类物联网平台对数据的加工，向下游应用赋能，呈现出从上游终端到下游应用数据价值逐步提升的逻辑。将物联网平台的功能抽象出来并从应用层剥离，便形成了物联网平台层。其在物联网四层架构中位于传输层和应用层之间，如图 4-11 所示。

物联网平台层主要实现设备接入、设备管理、安全管理、消息通信、监控运维及数据应用等功能。

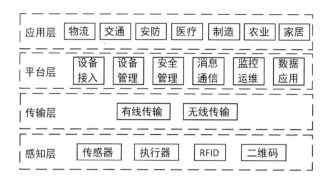

图 4-11　物联网四层架构中的物联网平台层

设备接入主要指设备端如何跟物联网平台进行连接通信，主要表现在以下两方面。

① 设备端开发：提供 MQTT、CoAP、HTTP、HTTPS 等多种协议的设备端 SDK 开发等，帮助不同设备轻松接入。

② 设备网络接入管理：提供基于蜂窝移动通信网（2G、3G、4G、5G）、NB-IoT、LoRaWAN、Wi-Fi 等不同网络的接入方案。

设备管理主要包含设备创建及维护、数据转换、数据同步、设备分布等内容。

安全管理主要从设备安全认证和通信安全两个方面来保证物联网数据传输的安全性。

消息通信主要包括设备端发送数据到物联网平台，物联网平台将数据流转到服务端/其他云产品，服务端远程控制设备这 3 种消息传送方式。

监控运维主要涉及设备监控和运维两个部分，包括监控诊断、OTA 升级、在线调试、日志服务等。

数据应用主要涉及数据的存储、备份、分析和应用。

4.4.4　物联网平台的分类

按照逻辑关系可将物联网平台分为 CMP、设备管理平台（Device Management Platform，DMP）、AEP 和业务分析平台（Business Analytics Platform，BAP）4 种类型，如图 4-12 所示。

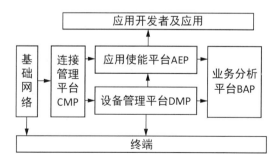

图 4-12　物联网平台的分类

目前，市面上的任意一个物联网平台都没有将这 4 种类型全部包括，而只含其中的 2～3 种（不含 BAP，可以没有 CMP），如华为 OceanConnect 平台就只包含了 CMP、DMP 和 AEP 3 种。

1. CMP

CMP 通常指基于电信运营商网络（蜂窝移动通信网、LTE 等）提供可连接性管理、优化、终端管理、维护等功能的平台，其具体功能通常包括号码/IP 地址/MAC 资源管理、SIM 卡管理、连接资费管理、套餐管理、网络资源用量管理、账单管理、故障管理等。物联网连接具备 M2M 连接数大、单个物品连接 ARPU 值低（人类连接客户 ARPU 值的 3%～5%）的特点，直接结果是多数运营商将放弃自建 CMP，转而与专门的 CMP 供应商合作。

典型的 CMP 包括 Cisco 的 Jasper 平台、爱立信的 DCP、Vodafone 的 GDSP、Telit 的 M2M 平台、PTC 的 ThingWorx 和 Axeda。目前，全球化的 CMP 主要有三家：Jasper 平台、DCP 和 GDSP，其中 Jasper 平台最大，与全球超过 100 家运营商、3500 家企业用户展开合作，国内的中国联通也通过宜通世纪与 Jasper 平台进行合作。

在国内三大运营商中，中国移动选择自研的 OneNET 平台；中国联通与 Jasper 平台开展战略合作，选择其 Control 平台提供物联网连接服务；中国电信也先后自研及与爱立信合作建立两套 CMP。

在国内没有纯粹的 CMP，这个 CMP 是在物联网早期时运营商需要对物联卡进行大量管理时出现的。中国联通使用的 Jasper 平台和中国移动的 OneNET 平台本质上都至少是一个 CMP+AEP 平台。一般 CMP 的提供商属于运营商，其他的物联网平台更多是 CMP 的使用方。

2. DMP

物联网 DMP 往往集成在端到端的全套设备管理解决方案中，进行整体报价收费。DMP 的功能包括用户管理及物联网设备管理，如配置、重启、关闭、恢复出厂、升级、回退、设备现场产生数据的查询、基于现场数据的报警功能、设备生命周期管理等。

典型的 DMP 包括 Bosch IoT Suite、IBM Watson、DiGi、百度云物接入 IoT Hub、三一重工根云、GE Predix 等。以百度云为例，百度云物接入 IoT Hub 是建立在 IaaS 层上的 PaaS 平台，提供全托管的云服务，帮助建立设备与云端的双向连接，支撑海量设备的数据收集、监控、故障预测等各种物联网场景。一些垂直领域巨头本身就是设备提供商，业务外延至平台层面，通常能够提供整体解决方案，部分能够集成 CRM、ERP、MES 等信息系统。

大部分 DMP 提供商本身也是通信模组、通信设备提供商，如 DiGi、Sierra Wireless、Bosch 等，它们本身拥有连接设备、通信模组、网关等产品和 DMP，因此能为企业提供整套设备管理解决方案。一般情况下，DMP 部署在整套设备管理解决方案中，整体报价收费，也有少量单独提供设备管理云端服务的厂商，每台设备每个月收取一定的运营管理费用，如早期的 Ablecloud（按接入设备数量收费）。

3. AEP

AEP 是提供快速开发部署物联网应用服务的 PaaS 平台。它为开发者提供了大量的中间件、开发工具、API 接口、应用服务器、业务逻辑引擎等，此外一般还需要提供相关硬件（计算、存储、网络接入环境等）。它的存在极大地降低了软件开发复杂度和开发门槛。

典型的 AEP 包括 ThingWorx、Ayla、AbleCloud、机智云、ComuloCity、AWS IoT、Watson IoT Platform 等。

很多传统公司,如插排工厂想将产品升级成物联网遥控插排,但是没有相应的技术人员,他们就可以付费使用 AEP,AEP 上汇聚了很多物联网解决方案,插排工厂在平台上设置产品参数(有几个插孔)、功能模块(手机控制开关、定时开关等),就可以直接生成需要的物联网功能。

4. BAP

BAP 主要通过大数据分析和机器学习等方法,对数据进行深度解析,以图表、数据报告等方式进行可视化展示,并应用于垂直行业。由于这个平台涉及大量的数据和业务场景,故绝大部分由企业把控,另外,由于人工智能及数据感知层搭建的进度限制,目前 BAP 发展仍未成熟。

物联网采集了大量用户数据,由专门的平台分析用户数据,通过大数据让设备的功能更加智能,也可以通过对用户习惯的分析进行定制化营销等,如为老年人安装智能门锁,每天都开门,若老人一整天都没开门,智能门锁就给老人的家人报警。

4.4.5 典型物联网平台介绍

1. 华为 OceanConnect 平台

华为 OceanConnect 平台简称 OC 平台,其解决方案架构如图 4-13 所示。

华为 OceanConnect 平台解决方案分为四层:终端层、接入层、平台层、应用层。其中,平台层又可以细分为设备连接层和业务使能层。如果提及 OceanConnect 平台解决方案,那么包括图中全部四层,如果只提及 OceanConnect 连接管理平台(或 OceanConnect IoT 平台),则专指平台层,即 OceanConnect 平台。OceanConnect 平台作为连接业务应用和设备的中间层,屏蔽了各种复杂的设备接口,实现了设备的快速接入;同时提供了强大的开放能力,以支撑行业用户快速构建各种物联网业务应用。

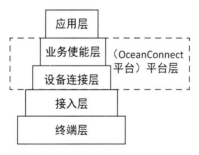

图 4-13 华为 OceanConnect 平台解决方案架构

终端层:提供标准的 IoT Agent(物联网代理),集成网络各层通信协议,为设备提供网络接入能力,起隔离上层应用程序与底层操作系统、硬件中间件的作用,向下提供 SDK,针对不同操作系统和硬件适配,向上可提供与底层资源无关的支持各种上层业务应用的API。

接入层:同时支持无线接入、固定接入等多种接入方式,通过 IoT Agent 适配不同厂家的传感器,以便接入海量的设备。

设备连接层： 华为 OceanConnect 平台解决方案的设备连接层主要提供统一的接入能力、资产和设备管理、SIM 卡连接管理等功能。其具体功能包括①设备管理：运营商通过物联网设备管理可以管理底层的各感知节点，了解各节点的相关信息，并实现远程控制；②设备通信管理：网关登录、网关到 OceanConnect 平台间的数据通信管理（基于 MQTT 连接）、用户数据到网关的连接管理（设备订阅）、网关数据到用户的连接管理（用户订阅）。

业务使能层： 华为 OceanConnect 平台解决方案的业务使能层主要提供 API 开放网关、数据管理、规则引擎等功能。其具体功能包括①App&API 开放管理：API 开放网关作为独立模块部署，提供 API 搜索、API 帮助等推广功能及统一的 API 生命周期管理服务；②数据管理和开放：根据行业定义的平台可理解的数据模型，将设备的原生数据根据模型转换后，通过规则引擎和业务编排模块进行商业行为定义；③规则引擎：规则引擎的使用对象是终端用户，系统已经预置支持的场景，终端用户可以通过友好的界面在自有设备下制定自动化规则。

应用层： 华为 OceanConnect 平台解决方案支持多种 OpenAPI 形式，支持预集成多个行业应用，主要包括智慧家庭、车联网、智能抄表和第三方应用等。

2. 中移物联网 OneNET 平台

OneNET 平台是中移物联网有限公司搭建的开放、共赢设备云平台，为各种跨平台物联网应用、行业解决方案提供简便的云端接入、存储、计算和展现，快速打造物联网产品应用，降低开发成本。其包括 IoT PaaS 基础能力、SaaS 业务服务、IoT 数据云和开发者社区四部分内容。

① IoT PaaS 基础能力：提供智能设备自助开发工具、后台技术支持服务、物联网专网、短/彩信、位置定位、设备管理、消息分发、远程升级等基础服务。

② SaaS 业务服务：提供第三方应用开发平台，快速实现不同的业务需求，借助轻应用孵化器快速搭建 Web 和 App 应用。

③ IoT 数据云：提供高扩展的数据库、实时数据处理、智能预测离线数据分析、数据可视化展示等多维度的业务运营服务。

④ 开发者社区：高频的开发者社区汇聚了不同的知识源，集合了更多的物联网爱好者，可以传播项目与开发成果。

OneNET 平台架构如图 4-14 所示。

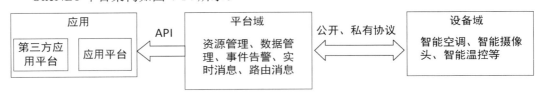

图 4-14　OneNET 平台架构

OneNET 平台起 PaaS 层的作用，为 SaaS 层和 IaaS 层搭建连接桥梁，分别向上游、下游提供中间层核心能力。

OneNET 平台具有流分析、设备云端管理、多协议适配、轻应用快速生成、API、在线调试等功能。

① 流分析：开发者自定义设备数据流类型和数据模板，让上传数据可视化展示。

② 设备云端管理：实时监控、管理接入设备的状态与运行情况，并对设备进行远程操作。

③ 多协议适配：支持多种网络接入协议，轻松接入各种物联网设备、智能家居、汽车、可穿戴设备、行业终端等。

④ 轻应用快速生成：提供轻应用业务孵化平台，快速搭建 Web 和 App 应用。

⑤ API：提供开放、完善的 API 接口，便于用户与 SaaS 层对接。

⑥ 在线调试：提供虚拟的在线调试工具，方便开发者进行设备接入等调试。

4.4.6　物联网平台的价值

从经济发展历史看，社会分工会促进生产力的提升。物联网平台会提供专业的连接方面的支持，帮助用户连接关注的产品，得到产品的实时反馈，从而快速进行决策。物联网平台企业选择物联网平台运营服务商的商业模式，是物联网领域的一次社会分工，总体上会节约社会成本。

截至 2022 年 3 月 31 日，小米在全球范围内的 AIoT 连接设备数达 4.78 亿台，拥有 5 台以上物联网设备的用户数超过 950 万人。

从典型公司物联网平台的阶段性成果来看，物联网平台这条路是正确的，值得走下去。

1．物联网平台的商业价值

物联网平台能够通过物联网跟踪产品的使用情况，并从大量的产品反馈数据中挖掘改善产品的商业机会。

（1）降低企业成本和门槛。

对于物联网这个新兴行业，有很多初创企业进入这个领域，但企业要实现所有技术，对小企业来说门槛偏高。以智能家居领域为例，为了实现远程控制，需要运行一个云平台，记录所有智能家居产品的状态，并通过这个云平台远程控制设备。这样的模式就需要每家企业都要完成以下工作：云平台的开发、维护，控制终端软件的开发、维护（包括 Android、iOS 及其他的软件平台），还有内部通信硬件和软件的实现。对企业而言，如果所有的开发与维护工作都由自己来做，其成本会很高，但如果有一个公共服务平台，就可以降低企业的成本和门槛，通过物联网平台，用户只需要专注自己的业务细节，即可快速验证自己的想法。

（2）提升用户体验。

例如，用户在选择智能家居产品时，按照现有的模式，只能选择一家智能家居的产品，如果选择了两家智能家居的产品，就可能需要通过两个云平台对智能家居进行控制，而这两个平台需要两个客户端程序，这会给用户带来很多不便。一个统一的物联网平台则可以解决这个问题。

（3）建立标准。

目前，物联网的发展需加快技术规范和平台标准的建立，物联网平台标准的建立可促进产业链共同快速进入物联网领域，挖掘更多价值。

2．物联网平台的商业模式

（1）模式一：按基础资源的使用收费。

此种营收主要由两部分构成：①按照设备连接数量、设备连接时长、消息数量、消息流量进行收费，属于设备接入层带来的收益；②在完成设备接入的基础上，对用户消耗云服务、人工智能、安全服务等增值产品进行收费。

通用型的物联网平台大多采用此种模式，由于其背后大多是云服务厂商，物联网平台是公司扩大云产品使用量和连接场景的一种手段，最根本的目的还是增加对云的消费。

因此，参照业界已经成熟的公有云收费模式，这种情况下的物联网平台收费相对是标准化、公开化的，如阿里云物联网平台就已率先公布了平台上各项资源的计费方式，具体标准都可以在其官网中查到。

典型物联网平台：阿里云、华为云、微软 Azure IoT 平台、腾讯云、青云 QingCloud 等。

（2）模式二：按平台及软件产品的授权收费。

采用此种模式的企业以打造品牌化的平台产品为主要目标，在运营中常常基于自身标准化的平台，为用户做对应的定制化开发。他们通常对某一类或几类场景应用尤为擅长。

采用此种模式获取营收的方式主要有两种：根据业务需求、工作量评估开发成本，向用户一次性售卖平台产品；提供定制化的平台之后，与用户一起运营，在运营中再进行分成，如按照设备点位数量，每个接入固定收取一定费用等方式。

典型物联网平台：PTC ThingWorx、Arm Pelion、敢为软件等。

（3）模式三：按软件+硬件解决方案的形式收费。

在投身物联网平台建设的企业中，有很大一部分是传统硬件企业，他们认可物联网平台的价值，但是仍然认为需要依靠传统硬件生意来支撑物联网平台的运营，因此不纯靠物联网平台获取营收，而是以软件+硬件一体化的模式提供解决方案。

另一部分软件企业长期以来发展了在硬件层的生态合作伙伴，提前完成了硬件的对接测试，虽然同样选择以物联网整体解决方案的形式提供服务，但物联网平台占据营收的主要部分。

综合来看，这种模式下的营收由三部分组成：①硬件费用，除去企业可能存在某种自有硬件产品外，其他硬件来自预先对接并测试好的其他厂家的产品；②基础平台费用，相当于软件的授权费用；③对接费用，当下很多物联网项目并不是理想的直接连物的方式，而需要物联网平台与很多现有的第三方系统进行对接，此时企业往往根据系统的开放程度、协议的规范程度、需要对接的点位数量进行评估，具体报价以需要投入的研发费用作为参照。

典型物联网平台：机智云、云智易、研华 WISE-PaaS、特斯联等。

3．物联网平台的市场现状及前景

（1）按行业划分的物联网平台应用现状。

① 生产领域——处于基础改造、加速渗透的初级阶段。

我国工业物联网平台现处于夯实基础、规模化推广建设的关键性阶段。根据国家工业信息安全发展研究中心 2021 年 7 月发布的《工业互联网平台应用数据地图》披露的调研数据可知，我国工业物联网平台应用普及率仅为 14.67%，工业设备上云率总体为 13.1%，市场培育不足、商业模式不明晰，市场潜力有待释放。预计 2025 年我国工业物联网平台的市场规模将突破 670 亿元，复合增长率为 20.9%。平台连接工业设备数量仅占总体的 18%，但价值占比高达 93%，工业设备的数字化联网和协议接入是今后很长一段时间内的重中之重。

② 生活领域——视图相关数据变现能力强劲。

在智慧生活场景中，物联网平台主要接入数据和最核心的变现数据为音/视频、图像数据。2020 年，我国智慧生活物联网平台的市场规模为 58 亿元，视觉相关设备的物联网平台市场规模为 28 亿元，预计未来五年的年复合增长率分别为 20.4%、26.9%，主要由智能家居和与智慧社区住宅相关的细分场景拉动。预计 2025 年，视觉相关设备的物联网平台占智慧生活物联网平台总体市场规模的比例将达 62%，再次验证了视觉相关设备的物联网平台厂商在智慧生活领域的关键地位。

2020 年，我国智慧生活物联网平台设备连接量为 11 亿台，视觉相关设备的物联网平台连接量为 2.3 亿台，年复合增长率分别为 18.4%、32.1%，存量设备的综合市场贡献为 5 元/台，而视觉相关的存量设备市场贡献为 12 元/台，这一差异来源于视觉相关设备物联网平台的多元盈利路径，其不仅获利于增量市场，还关注巨大存量市场的价值挖掘。

③ 公共领域——智慧城市中枢建设持续推进。

2020 年，我国智慧城市物联网平台市场规模为 158 亿元，预计未来五年的年复合增长率为 17.8%，政府端需求的持续景气保障了智慧城市物联网平台市场的稳健、较快增长。具体而言，其规模增长主要由城市智能运行中心（IOC）、城市大脑相关的软件平台建设拉动，其是当前新型智慧城市平台的建设热点。目前，短期内公安交警信息化建设中物联网平台市场增长放缓，中长期小幅拉升，预计未来五年的复合增长率为 9%。

（2）前景预测。

波士顿咨询报告显示，当前全球共计有超过 400 家物联网平台商。其中，物联网初创公司、大型企业级软件及服务公司占据最大比例（分别占物联网平台市场份额的 32%、22%）；工业方案提供商（约占物联网平台市场份额的 18%）为了改变其以硬件为主的商业模式，也试图转型成为物联网平台商；互联网及通信运营商则占据了物联网平台市场的剩余份额。

从 2018 年到 2023 年，物联网平台领域的软件和服务支出预计以每年 39% 的年复合增长率高速增长，到 2023 年底，物联网平台领域的年度支出将超过 220 亿美元。

作为物联网产业链的关键环节，物联网平台具有重要作用，未来 AEP 市场规模将超过 CMP 和 DMP。根据 Nokia 预测，2025 年整个物联网产业产值将达到 4000 亿欧元，其中除去 BAP，物联网平台市场占整个物联网市场的 12.5%，即 DMP+CMP+AEP 市场加起来超过 500 亿欧元。First Analysis 预测，到 2024 年，AEP 市场在三类平台市场总和中的占比将达到 53%。

➡ 任务实施

1. 查找资料，了解物联网平台和物联网中间件的联系与区别。

2. 调研目前市面上其他较知名的物联网平台，了解各平台的典型特点与应用情况，撰写物联网平台现状调研报告。

➡ 任务评价

1. 回答任务实施中的问题 1。（20 分）
2. 完成表 4-5，找出至少 5 个典型物联网平台。（40 分）

表 4-5　物联网平台调研表

平台名称	所属公司/厂商	提供的服务

3. 撰写物联网平台现状调研报告。（40 分）

练 习 题

一、填空题

1. 云的部署方式有_____、_____、_____、_____。
2. 云计算的_____、_____、_____三种服务模式分别在基础设施层、软件开放运行平台层、应用软件层实现。

二、判断题

1. 大数据杀熟不是大数据应用面临的挑战。（　　）
2. 学生管理信息的数据属于非结构化数据。（　　）
3. 数据集成可以分为传统数据集成和跨界数据集成。（　　）
4. 大数据安全不是大数据应用面临的挑战。（　　）
5. 高速公路摄像头采集的数据属于结构化数据。（　　）
6. OceanConnect 平台解决方案除了提供设备管理和设备通信管理，还提供 SIM 卡的连接管理。（　　）

三、单选题

1. 大数据与传统数据对比，以下哪项说法正确？（　　）
    A．大数据的数据结构类型单一
    B．大数据的数据规模小，以 MB、GB 为单位
    C．大数据的数据源比较分散
    D．大数据的数据源比较集中

2．邮件是什么类型数据？（　　）

A．非结构化数据　　　　　　　B．结构化数据

C．半结构化数据　　　　　　　D．文本数据

3．大数据的时效性体现为（　　）。

A．可从数百太字节到数十、数百拍字节，甚至达到艾字节的规模

B．很多数据需要在一定的时间内得到及时处理

C．大数据包括各种格式和形态的数据

D．大数据具有很高的深度价值，大数据的分析挖掘和利用将带来巨大的商业价值

4．以下不属于 OceanConnect 平台设备连接层的业务和功能是（　　）。

A．传输协议视频　　　　　　　B．设备通信管理

C．设备管理　　　　　　　　　D．统一开放 API

四、简答题

1．什么是云计算？

2．简述云计算的实际应用。

3．简述大数据的分类。

4．大数据处理流程的主要环节有哪些？

5．详细阐述在大数据时代背景下，民众应如何加强自我隐私保护意识。

6．什么是人工智能？试从学科和能力两方面加以描述。

7．为什么能够用机器（计算机）模仿人的智能？

8．在人工智能的发展过程中，有哪些思想和思潮起了重要作用？

第 5 章

物联网产业链与人才需求分析

本章介绍

通过对本章的学习，我们将了解物联网产业链上的各环节及物联网的人才需求，了解典型物联网岗位与核心职业能力，以帮助我们制订后续的学习计划和物联网职业规划。

任务安排

任务 1　物联网产业链与人才需求

任务 1　物联网产业链与人才需求

任务描述

物联网行业的发展潜力巨大，为我们提供了大量就业及创业机会。机会总是留给有准备的人，要想成为物联网浪潮中的弄潮儿，我们就要做到"知己知彼"，了解物联网产业链、物联网典型岗位、物联网典型岗位所需的核心职业能力，深入分析自己的优势、劣势和价值观，尽早制订个人学习计划和职业发展规划，提升自己各方面的能力和素养。

任务目标

知识目标

- ◇ 了解物联网产业链的各环节
- ◇ 了解物联网典型岗位
- ◇ 了解物联网典型岗位所需的核心职业能力

能力目标

◇ 能够描述物联网产业链的各环节
◇ 能够清晰表述对岗位和核心职业能力的理解
◇ 能够制订个人学习计划与职业发展规划

素质目标

◇ 培养主动观察的意识
◇ 培养独立思考的能力
◇ 培养积极沟通的习惯
◇ 培养搜集、获取信息的能力
◇ 培养文案设计与编写能力
◇ 培养自制力
◇ 培养执行力

→ 知识准备

5.1.1 物联网产业链

随着物联网云端数据处理能力逐渐下沉到数据源头，边缘计算发展态势强劲，未来，将有超过 75%的数据在网络边缘侧分析、处理与储存。物联网产业链也从"用–云–管–端"（见图 5-1）发展为"用–云–边–管–端"（见图 5-2）。

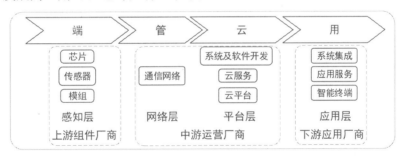

图 5-1　物联网"用–云–管–端"产业链

图 5-2　物联网"用–云–边–管–端"产业链

在物联网"用–云–边–管–端"产业链中，"端"位于产业链的最上游，"用"位于产业链的最下游。

"端"主要包括芯片、模组、感知设备、操作系统等，对应物联网的感知层，"芯片设计–芯片制造–封装测试–原材料配套"的集成电路全产业链属于物联网产业链上游"端"这一层面。

"管"的主要业务领域为各类网络基础设施的建设及运营，以及通信模组领域，对应物联网的传输层，包括蜂窝移动通信网、局域自组网、专网等，涉及通信设备、通信网络（接入网、核心网业务）提供商、网络运营商、SIM 卡制造商、通信模组研发方等。这是目前物联网产业链中最成熟的环节。

"边"指边缘计算，边缘计算不仅可以满足物联网应用场景对更高安全性、更低功耗、更低时延、更高可靠性、更低带宽的要求，还可以较高程度地利用数据，进一步缩减数据处理的成本，在边缘计算的支持下，大量物联网场景的实时性和安全性得到保障。"云-边-端"协同实现的纵向数据赋能是边缘计算在物联网中的最大价值。"云-边"协同的典型应用场景有工业互联网、医疗健康、云游戏、智能交通、安防监控等。

"云"主要对应物联网的平台层，主要参与者有软件及应用开发企业、平台服务提供商、云服务提供商等。

"用"对应物联网的应用层，主要包括消费性应用领域（也称为消费物联网）、生产性物联网领域（也称为产业物联网）的各类解决方案及系统集成、公共服务等，如图 5-3 所示。方案厂商将物联网由技术领域向行业领域扩展，它们了解行业需求，与设备厂商沟通，最终给出合理的方案；系统集成商则依据对物联网某一行业、某一领域、某一案例的深入研究，将物联网技术应用到整个行业。应用层为用户提供实际应用场景服务，是最贴近应用市场的一层。

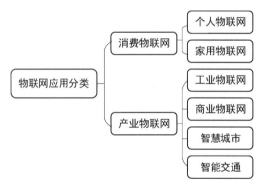

图 5-3　物联网应用分类

5.1.2　物联网岗位分析

从产业链的角度来看，上游的组件厂商岗位主要面向电子设备技术、芯片设计与制造、硬件开发；中游的运营厂商岗位主要面向通信网络、计算机网络、云服务、云平台、物联网平台、软件开发；下游的应用厂商岗位主要面向应用软件开发、系统设计、系统集成、系统应用和系统管理。

随着物联网行业的不断发展，物联网相关专业的就业岗位也在发生变化。当前，物联网行业由研发阶段转向应用阶段，在研发类人才需求仍然旺盛的情况下，技术技能工程类人才需求猛增，并且随着物联网产业的纵深发展，平台层和应用层系统研发的相关岗位和各垂直行业应用人才需求大幅增加。

目前，我国大多数本科院校和高职院校开设的物联网相关专业所面向的岗位主要包括物联网应用系统规划、分析、设计、开发、部署及运维等；具体主要包括物联网应用开发工程师、物联网系统集成工程师、物联网系统运维工程师、物联网嵌入式系统开发工程师、物联网产品售前工程师等。

5.1.3 物联网就业岗位核心职业能力分析

物联网典型就业岗位及岗位核心职业能力如表 5-1 所示。

表 5-1 物联网典型就业岗位及岗位核心职业能力

岗位领域	典型岗位/职业	岗位核心职业能力
物联网应用开发	物联网移动应用开发人员	能搭建移动应用开发环境，实现项目的创建；能基于 Java 技术，完成类的创建和继承、接口的实现、数据的存储、文件读写、网络和线程的编程；能基于 Android 布局和组件技术，开发物联网数据展示、设备控制界面；能使用数据库技术，存储物联网数据；能使用网络通信、线程技术，获取物联网数据及下发设备控制指令；能使用服务、广播、公共事件等技术，监测物联网数据并实现联动报警等功能开发；能使用消息机制和异步任务技术，更新物联网数据和设备在线/离线状态；能使用云服务技术，利用 API 完成天气、语音、人脸识别等功能开发；具备良好的沟通能力、团队合作能力与抗压能力
	物联网平台应用开发人员	能基于部署文档，部署物联网平台和配置物联网平台的数据库；能根据业务需求，在物联网平台上配置项目，创建设备实体，连接设备；能基于不同的物联网设备，使用不同协议采集设备数据；能根据物联网传感数据特征，在时序数据库中存储时序数据；能使用可配置的小部件及仪表盘显示物联网数据；能使用规则链技术，过滤和分析数据，联动控制设备，按需触发事件警报并传递警报；能根据需求接入第三方数据平台，进行可视化数据展示；能根据需求，接收边缘系统北向数据，并将控制指令发往边缘系统；具备良好的沟通能力、团队合作能力与抗压能力
物联网软件测试	软件测试工程师	能根据项目要求，编写软件测试计划书；能根据用户需求，设计测试用例，准备测试数据；能实施测试；能进行测试总结和评估；具备良好的沟通能力、团队合作能力与抗压能力
物联网硬件开发	物联网嵌入式系统开发工程师	能协助进行用户需求沟通，明确用户需求，协助编写需求规格说明书；能根据系统需求，进行嵌入式开发平台的配置；熟悉 C/C++语言，熟悉 Linux 等嵌入式操作系统；熟悉计算机体系和原理、编译原理等；有良好的逻辑思维能力及团队合作精神；能在嵌入式开发平台上，按需求进行开发、调试和测试；能对嵌入式应用进行移植、测试和运行；具备良好的沟通能力、团队合作能力与抗压能力
物联网系统集成与运维	物联网工程设计与管理人员	能与用户进行沟通，完成需求调研；能根据项目文件，完成总体架构图；能进行现场勘测，并完成网络拓扑图、平面图、设备部署图等绘制；能根据项目文件，完成网络设备、感知设备等选型，输出设备清单及主要技术参数等；能根据项目文件，完成项目技术方案编制、呈现与汇报；能根据项目管理计划，完成项目质量、进度、成本、采购等控制；能根据项目管理计划，完成项目施工管理；具备良好的沟通能力、团队合作能力与抗压能力

岗位领域	典型岗位/职业	岗位核心职业能力
物联网系统集成与运维	物联网设备装调与维护人员	能根据设备进场要求与流程，完成设备开箱验收，并输出验收报告单；能根据施工规范，完成物联网网络设备、感知设备等安装和调试；能根据施工规范，完成线缆铺设、布管施工；能根据施工方案，完成系统联调；能根据施工方案，完成物联网平台接入；能根据施工方案，完成仪表板设置，查看感知设备的遥测值、控制执行设备；能根据施工方案，完成规则链制定，实现感知设备、执行设备联动；具备良好的沟通能力、团队合作能力与抗压能力
	物联网综合布线人员	能根据施工图，识别线缆的走向和线架安装位置；能根据操作规范，完成线缆的布放、捆扎及标识牌制作；能根据系统设计图和对应表，进行设备间子系统的信号线路连接；能根据施工图纸，完成竖井和管理间的线缆敷设与设备安装；能根据产业规范，完成电缆线路的接地安装；能根据验收标准和规范，测试综合布线系统；能根据项目需求设计相关布线图纸；具备良好的沟通能力、团队合作能力与抗压能力
	物联网系统部署与运维人员	能根据施工方案，完成操作系统的安装与配置；能根据施工方案，完成操作系统的访问权限、防火墙等安全管理；能根据施工方案，完成 Web 服务及数据库服务等的安装、配置、访问；能根据施工方案，完成容器及编排工具等的安装、配置；能根据施工方案，完成镜像的拉取、容器的创建与管理；能根据售后服务方案，完成操作系统硬件、防火墙、用户访问等日志监控；能根据售后服务方案，完成 Web 服务及数据库服务等的数据备份、还原、日志监控；能进行系统故障现场排除，能协助完成项目实施、售后培训等工作，具备通过现象描述分析问题、远程指导用户方人员或自身现场解决问题的沟通协调能力；具备良好的沟通能力、团队合作能力与抗压能力
	物联网系统运维工程师（用户方）	负责物联网系统日常管理和维护工作，如系统日常监控、故障排除、数据备份、软件升级等；熟悉物联网产品设备（传感器、自动识别设备、网络设备等）的基本原理和配置、使用技巧；熟悉操作系统、数据库系统、Web 服务器等常用支持软件的配置和使用技巧；具备发现问题、定位故障、解决问题的能力；具备操作系统、数据库系统的备份和恢复能力；有良好的逻辑思维能力和沟通协调能力
物联网产品销售	物联网产品售前工程师	能协助销售人员进行物联网产品的售前支持工作，能够在项目签约前充分展现公司实力和产品特质，负责方案设计、方案讲解、产品演示等相关工作；熟悉物联网产品设备（传感器、自动识别设备、网络设备等）的基本原理和配置、使用技巧；熟悉操作系统、数据库系统、Web 服务器等常用支持软件的配置和使用技巧；了解物联网相关行业的知识，熟悉最新的物联网行业发展现状；具备物联网系统方案设计和项目管理、实施能力；有较强的沟通、协调及组织能力，一定的决策能力、指导能力、解决问题能力、创新能力
	物联网产品销售人员	能开拓物联网应用系统市场，负责物联网应用系统及相关产品的销售工作；完成销售过程中的谈判、合同审定、项目管理工作，推进项目实施，督促货款回收；了解物联网相关行业的知识，熟悉最新的物联网行业发展现状；熟悉所在公司物联网应用系统及相关产品的功能和参数；熟悉竞争对手及其产品情况（含优缺点分析）；具备优秀的沟通和表达能力，热情开朗，能适应工作压力并敢于面对挑战
物联网产品质检	物联网产品质检员（未列出设备制造人员）	负责物联网相关设备的质检工作；了解物联网产品（传感器、自动识别设备、网络设备等）的生产工艺和技术参数；熟悉物联网产品的常见问题和检测手段；有良好的沟通协调能力及团队合作精神

→ 任务实施

1. 通过招聘网站搜索物联网相关岗位的信息，按软件开发与测试、硬件开发、销售、系统集成与运维的分类，每类型岗位至少收集 3 个岗位信息，完成表 5-2。

表 5-2　物联网岗位信息调研表

岗位类型领域	岗位	公司名	工作经历要求	最低学历要求	薪资	工作地点	专业知识技能要求	职业素养要求	是否出差	其他
软件开发与测试										
硬件开发										
销售										
系统集成与运维										

2. 制订学习计划，以 word 形式提交。
3. 制订个人职业生涯发展规划，以 word 形式提交。

→ 任务评价

本任务的任务评价表如表 5-3 所示。

表 5-3　任务 1 的任务评价表

评估细则	分值	得分
真实典型的岗位招聘信息	岗位信息的数据真实、完整（10 分） 岗位信息典型、有代表性、无重复（20 分）	
学习计划	学习计划具体、有阶段性（15 分） 学习计划具备可行性（15 分）	
个人职业生涯发展规划	个人素质评估（10 分） 个人优缺点评估（10 分） 个人价值观及职业生涯规划评估（10 分） 毕业三年内职业发展规划（10 分）	

练　习　题

一、简答题

简述物联网产业链及其发展趋势。

参 考 文 献

[1] 刘伟国，白永志．条形码技术的发展过程及应用[J]．数码世界，2018，151（05）：504-505．

[2] 肖云哲．结合深度学习和几何约束的一维条形码检测方法[D/OL]．长沙：中国人民解放军国防科技大学，2019. DOI：10.27052/d.cnki.gzjgu.2019.000966.

[3] 邹宇．图像处理技术在条形码识别中的应用研究[J].信息与计算机（理论版），2022，34（03）：147-149.

[4] 李林．二维码技术的应用案例分析[J]．集成电路应用，2022，39（06）：96-97.

[5] 甘志坚．复杂光照下二维码图像识别中的二值化技术研究[D/OL]．广州：暨南大学，2018. DOI：10.27167/d.cnki.gjinu.2018.000061.

[6] 潘宏斌，林雨，王自力．物联网概论[M]．上海：上海交通大学出版社，2022.

[7] 黄玉兰．物联网技术导论与应用[M]．北京：人民邮电出版社，2020.

[8] 索艳格，黄煜琪，孙俊军．RFID 标签的应用现状和发展前景[J]．今日印刷，2019，305（02）：17-19.

[9] 李灵俏.RFID 技术在服装仓储物流领域的应用[J].化纤与纺织技术，2022，51（09）：58-60.

[10] 李霞.RFID 技术在高等院校图书馆的应用状况分析[J].内蒙古科技与经济，2021，472（06）：103-104.

[11] 邹海英，佟宁宁，宋海岩，等．物联网在 RFID 技术和通信网络发展中的应用[J].江苏科技信息，2021，38（18）：53-55.

[12] 苟晓鹏．5G 时代 RFID 基于校园物联网的应用与发展[J]．教育教学论坛，2020，457（11）：371-372.

[13] 张翼英，史艳翠．物联网通信技术[M]．北京：中国水利水电出版社．2018

[14] 罗晓慧．浅谈云计算的发展[J]．电子世界，2019（8）：104.

[15] 许子明，田杨锋．云计算的发展历史及其应用[J]．信息记录材料，2018，19（8）：66-67.

[16] 梁长垠．传感器应用技术[M]．北京：高等教育出版社，2018.

[17] 马惠芳．非结构化数据采集和检索技术的研究和应用[D].上海：东华大学，2013.

反侵权盗版声明

电子工业出版社依法对本作品享有专有出版权。任何未经权利人书面许可，复制、销售或通过信息网络传播本作品的行为；歪曲、篡改、剽窃本作品的行为，均违反《中华人民共和国著作权法》，其行为人应承担相应的民事责任和行政责任，构成犯罪的，将被依法追究刑事责任。

为了维护市场秩序，保护权利人的合法权益，我社将依法查处和打击侵权盗版的单位和个人。欢迎社会各界人士积极举报侵权盗版行为，本社将奖励举报有功人员，并保证举报人的信息不被泄露。

举报电话：（010）88254396；（010）88258888

传　　真：（010）88254397

E-mail：　dbqq@phei.com.cn

通信地址：北京市万寿路 173 信箱

　　　　　电子工业出版社总编办公室

邮　　编：100036